高等职业院校机电类专业"十三五"系列规划教材

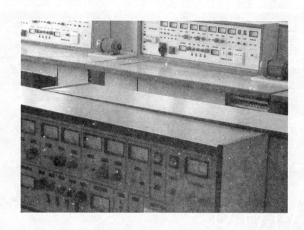

电子技术与实训教程

DIANZI JISHU YU SHIXUN JIAOCHENG

主　编　杨少昆　李　可
副主编　王桂兰　施喜平
　　　　周秀珍　肖　青

合肥工业大学出版社

图书在版编目(CIP)数据

电子技术与实训教程/杨少昆,李可主编.—合肥:合肥工业大学出版社,2016.7
ISBN 978-7-5650-2770-3

Ⅰ.①电…　Ⅱ.①杨…②李…　Ⅲ.①电子技术—教材　Ⅳ.①TN

中国版本图书馆 CIP 数据核字(2016)第 118250 号

电子技术与实训教程

主　编　杨少昆　李　可		责任编辑　张择瑞
出　版	合肥工业大学出版社	版　次	2016 年 7 月第 1 版
地　址	合肥市屯溪路 193 号	印　次	2016 年 8 月第 1 次印刷
邮　编	230009	开　本	787 毫米×1092 毫米　1/16
电　话	理工教材编辑部:0551-62903204	印　张	13
	市场营销部:0551-62903198	字　数	308 千字
网　址	www.hfutpress.com.cn	印　刷	合肥星光印务有限责任公司
E-mail	hfutpress@163.com	发　行	全国新华书店

ISBN 978-7-5650-2770-3　　　　　　　　定价:28.00 元

如果有影响阅读的印装质量问题,请与出版社市场营销部联系调换。

前　　言

　　本书以国家对高等职业教育发展要求和《国务院关于大力发展职业教育的决定》为依据，坚持以就业为导向，深化职业教育教学改革，突出实践要领和操作技能的培养。采用"模块化"教材结构，每个模块为一个知识单元，主题鲜明，重点突出，以其良好的弹性和便于综合的特点适应实践教学各个环节的具体要求。在"相关知识"点析部分，将本项目中涉及的理论知识进行梳理，努力使读者在进行实训时脱离理论教材。将每个实训项目的训练效果进行量化，在"成绩评分标准"中对训练过程进行记录，并相应地给出量化参考标准。

　　本书由长江工程技术学院杨少昆副教授和李可高级工程师担任主编，长江工程职业技术学院王桂兰副教授、周秀珍、施喜平和肖青担任副主编。

　　本书可以作为高等职业学校电气自动化、电子信息专业高技能型人才教学和实训用书，也可作为成人高校或职业技术学院相关专业的教材，可作为自学用书，还可供有关技术人员参考。

　　由于编者水平有限。且时间仓促，书中难免有疏漏和不足之处，恳请读者批评指正。

编　者

2016 年 6 月

目　　录

项目一　直流稳压电源

引　言

直流稳压电源在实际生活中应用很广泛,使用直流电源供电的设备有计算机、电视机、继电保护及自动装置、安全防护报警装置、消防报警装置、事故照明等等,电视机和计算机如图 1-1 所示。但是电网所提供的一般是 220V、50Hz 的交流电,这些设备不能直接使用,需要将交流电转换成直流电后才能使用。

a) 电视机　　　　　　　　　　　　b) 计算机

图 1-1　直流用电设备

能够把交流电转换成直流电的电路或设备称为直流稳压电源。小功率的直流稳压电源一般由变压电路、整流电路、滤波电路和稳压电路组成,其组成框图及波形图如图 1-2 所示。各个部分的作用如下。

(1)变压部分:将电网 220V 的交流电转换成满足整流电路所需要的交流电压,这部分通常是一个降压变压器,主要起降压的作用。

(2)整流电路:将交流电压转化成脉动直流电压。

(3)滤波电路:将脉动的直流电压中的交流成分滤掉,转换成平滑的直流电压。

(4)稳压电路:当电网电压波动或负载变化时,自动保持输出稳恒的直流电压。

直流稳压电源的分类有以下几种。

(1)根据输出功率分:有小功率直流稳压电源和大功率直流稳压电源。

(2)根据稳压原理分:有并联型稳压电源、串联型稳压电源和开关型稳压电源。

(3)根据所使用的元件分:有分立元件直流稳压电源和集成电路直流稳压电源。

(4)根据输出电压的形式分:有输出电压固定的直流稳压电源和输出电压可调的直流稳压电源。

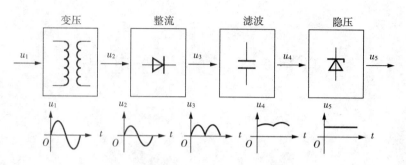

图1-2 直流稳压电源的组成框图及波形图

任务1 二极管的检测与选用

任务引入

二极管在电子电路中应用的非常广泛,在放大电路中、收音机电路中、单片机电路中、电视机电路中都可以看到很多的二极管。PN结的单向导电性,二极管的结构和符号、特性及主要参数,二极管的选用,以及二极管的识别与检测方法是本任务的学习重点。

相关知识

二极管是最简单的半导体器件,外部有两个电极,一个称为正极(又称为阳极),另一个称为负极(又称为阴极),常用二极管外形及正、负极的识别如图1-3所示。

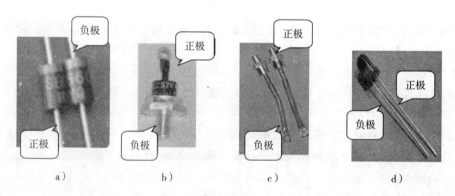

图1-3 常用二极管外形及正、负极的识别

二极管具有单向导电性,常用作整流、限幅、检波、开关等。

1. 半导体的基础知识

(1)导体、绝缘体和半导体

导体:银、铜、铝、铁等金属材料是很容易导电的,称之为导体。

绝缘体:塑料、陶瓷、橡胶、玻璃等都不容易导电,尽管加很高的电压,基本上也没有电流,所以通常称为绝缘体。

半导体:半导体的导电性能则介于导体和绝缘体之间,所以将导电性能介于导体和绝缘体之间的物体称为半导体。半导体是制造二极管、晶体管等半导体器件的原料,常用的半导体有硅、锗、磷、硼、砷等。

(2)半导体的导电特性

半导体之所以能得到广泛应用,其主要原因是它的导电能力随温度、光照以及所含杂质的种类、浓度等条件的不同而出现显著的差别。半导体的导电特性有如下一些显著特点。

① 热敏特性。温度对半导体的导电特性有显著影响。半导体的导电能力随温度上升而显著增加,将这种现象称为热敏特性。利用半导体的温度特性,可以把它作为热敏材料制成热敏元件。

② 光敏特性。半导体的导电能力随光照的不同而改变,将这一现象称为光敏特性。利用半导体的这一特性,可以用它作为光敏材料制成光敏元件。

③ 掺杂特性。半导体的导电能力与掺入的微量杂质元素的浓度有很大关系,将这一现象称为掺杂特性。利用半导体的掺杂特性,通过一定的工艺手段,可生产出各种性能的半导体器件。

(3)半导体的类型

半导体一般分为本征半导体和杂质半导体。

本征半导体:不含杂质的半导体(纯净的半导体)称为本征半导体,本征半导体的导电能力很差。

杂质半导体:为了提高本征半导体的导电能力,可在本征半导体中掺入微量杂质元素,掺杂后的半导体称为杂质半导体。按掺入杂质的不同,有 P 型半导体和 N 型半导体之分。

① P 型半导体

在四价元素的本征半导体中掺入三价元素后所形成的半导体,称为 P 型半导体。如在四价的硅(或锗)半导体中,掺入三价元素硼(或铝、铟)后所形成的半导体。

在 P 型半导体中,空穴为多数载流子,自由电子为少数载流子,主要靠空穴导电。空穴主要由掺入的杂质原子提供,自由电子由热激发形成。掺入的杂质越多,多数载流子浓度就越高,导电性能就越强。P 型半导体又称为空穴型半导体。

② N 型半导体

在四价元素的本征半导体中掺入五价元素后所形成的半导体,称为 N 型半导体。如在四价的硅(或锗)半导体中,掺入五价元素磷(或砷、锑)后所形成的半导体。

在 N 型半导体中,自由电子为多数载流子,空穴为少数载流子,主要靠自由电子导电。自由电子主要由掺入的杂质原子提供,空穴由热激发形成。掺入的杂质越多,自由电子的浓度就越高,导电性能就越强。N 型半导体又称为电子型半导体。

2.PN 结及其单向导电性

(1)PN 结

把 P 型半导体和 N 型半导体用特殊的工艺使其结合在一起,就会在交界处形成一个特殊的带电薄层,该薄层称为"PN 结",如图 1-4 所示。

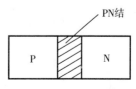

图 1-4　PN 结示意图

（2）PN 结的单向导电性

① PN 结外加正向电压导通。加在 PN 结上的电压称为偏置电压，P 型半导体（又称为 P 区）接电源正极、N 型半导体（又称为 N 区）接电源负极，则称 PN 结外加正向电压或 PN 结正向偏置，简称正偏，如图 1-5 所示。此时，PN 结在外加正向电压作用下变得很薄，电阻很小，电流可以顺利地通过 PN 结，形成电路电流 I_F。外加正向电压越大，电路电流 I_F 就越大，称为 PN 结导通。PN 结正向导通时通过的电流 I_F 称为正向电流。由于 PN 结导通时，两端的电压降很小只有零点几伏，因而应在电路中串联一个电阻以限制电路电流，防止 PN 结因电流过大而损坏。

② PN 结外加反向电压截止。给 PN 结外加反向电压，即外加电源的正极接 N 型半导体、负极接 P 型半导体，这种外加电压的方法称为 PN 结外加反向电压或 PN 结反向偏置，如图 1-6 所示。PN 结在外加反向电压作用下会变得很厚，电阻很大，电流很难通过 PN 结，此时电路中的电流和 PN 结的正向电流相比很微小，接近于零，将此电流称为反向电流 I_R，这种状况称为 PN 结截止。

总结：PN 结外加正向电压导通，外加反向电压截止，具有单向导电性。

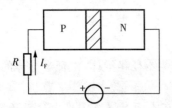
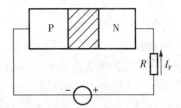

图 1-5　PN 结外加正向电压　　　　图 1-6　PN 结外加反向电压

3. 半导体二极管

利用半导体 PN 结的单向导电性，可制造出电子技术中常用的元件——二极管。

（1）半导体二极管的结构与分类

① 结构、符号。在 PN 结的两端各引出一根电极引线，然后用外壳封装起来就构成了半导体二极管，简称二极管，如图 1-7 所示。由 P 型半导体引出的电极称为正极或阳极，由 N 型半导体引出的电极称为负极或阴极。

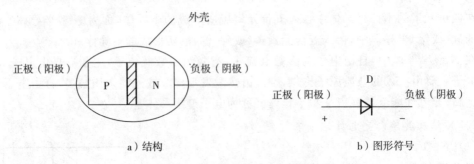

图 1-7　二极管的结构和图形符号

② 半导体二极管的分类与作用，见表 1-1 所列。

表 1-1　半导体二极管的分类与作用

分类方法	种类	说明
按材料不同分	硅二极管	硅二极管,常用
	锗二极管	
按用途不同来分	普通二极管	常用
	稳压二极管	常用于直流电源
	开关二极管	常用于数字电路
	发光二极管	常用于指示信号
	光敏二极管	对光有敏感作用的二极管
	变容二极管	常用于高频电路
按外壳封装的材料不同分	玻璃封装二极管	检波二极管采用这种封装材料
	金属封装二极管	大功率整流二极管采用这种封装材料
	塑料封装二极管	大量使用的二极管采用这种封装材料
按 PN 结的面积分	点接触型	检波二极管采用这种结构
	面接触型	整流二极管采用这种结构
	平面型	大功率二极管和稳压二极管采用这种结构

(2)二极管的特性及主要参数

① 二极管的伏安特性　描述二极管两端电压与通过二极管的电流之间关系的曲线称为二极管的伏安特性,如图 1-8 所示。

A. 正向特性

如果二极管外加正向电压,曲线位于第一象限。由图 1-8 可见,当二极管外加正向电压时并不就等于导通,也就是说,虽然加了正向电压,如果外加的正向电压很小,二极管内部呈现的电阻仍很大,所以正向电流几乎为零,这个区域称为死区。死区所对应的电压称为死区电压,一般硅二极管的死区电压约为 0.5V,锗二极管的死区电压约为 0.1V。当外加的正向电压大于死区电压后,二极管的电阻变得很小,正向电流随外加电压的增加开始显著增加,二极管进入导通状态,此时管子两端的电压称为正向导通管压降(简称导通压降),通常用 U_F 表示。U_F 变化不大,硅管为 0.6~0.8V,锗管为 0.2~0.3V。电路分析时,一般硅管取为 0.7V,锗管取为 0.3V。

B. 反向特性

如果二极管外加反向电压,曲线位于第三象限。由图 1-8 可见,当二极管外加反向电压且小于反向击穿电压时,通过二极管的反向电流 I_R 很小,一般硅管约为几十微安,锗管可达几百微安,基本与反向电压无关,此时称为二极管截止。二极管的反向电流受环境温度影响很大,温度每升高 10℃,反向电流约增大一倍。反向电流越小,二极管的温度稳定性越好,质量越好。

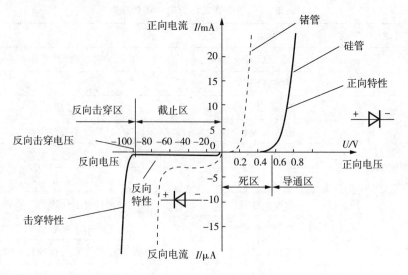

图 1-8 二极管的伏安特性

C. 反向击穿特性

当外加反向电压增大到反向击穿电压时,通过二极管的反向电流就会突然急剧增大,这种现象称为反向击穿。普通二极管一旦反向击穿就会造成永久性损坏,所以普通二极管不允许工作在反向击穿区;但稳压二极管正是利用二极管的击穿特性来进行稳压的,其稳压原理将在后面详细叙述。

综合以上特性可见,半导体二极管和 PN 结一样,如在二极管两端外加正向电压则导通,外加反向电压则截止,具有单向导电性。

② 二极管的主要参数

A. 最大正向电流 I_{FM}

指半导体二极管在正常工作情况下,长期允许通过的最大正向电流值。实际使用中,通过二极管的电流若长期超过允许的最大正向电流时,二极管会因过热而损坏。

B. 最高反向工作电压 U_{RM}

指半导体二极管正常工作时所能承受的最大反向电压值。实际使用中,加在二极管两端的反向电压若超过最高反向工作电压 U_{RM} 时,二极管有可能因反向击穿而损坏。

C. 反向电流 I_R

指给半导体二极管加上规定的反向电压,未击穿时,通过的反向电流值。反向电流 I_R 越小,说明二极管的单向导电性能越好。

D. 最高工作频率 f_M

指半导体二极管工作于交流电路时,保持单向导电性所对应的交流电的最高频率。

(3)二极管的选用与代换

① 二极管的选用

为了保证二极管在使用中的安全,不至于因过电流、过电压、过热而造成损坏,所以必须正确合理地选择二极管。二极管选择时必须考虑电流、电压、最高工作频率等参数不能超过规定的最大额定值。

② 二极管的代换

代换时　一般应采用同型号的管子代换,如没有同型号的管子,则应选用类型相同,特性相近的二极管代换。

③ 我国二极管的型号

A. 二极管的型号由五部分组形成,组成部分的符号与意义见表 1-2 所列。

表 1-2　型号组成部分的符号及意义

第一部分		第二部分		第三部分		第四部分	第五部分
表示器件的电极数		表示器件的材料和极性		表示器件的类型		表示器件的序号	表示器件的规格号
符号	意义	符号	意义	符号	意义		
2	二极管	A B C D	N 型,锗材料 P 型,锗材料 N 型,硅材料 P 型,硅材料	P Z W K C L S	小信号管 整流二极管 电压基准管 开关管 变容管 整流堆 隧道管		

② 国外二极管型号的意义

例如:

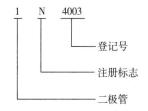

③ 常用二极管的参数

常用二极管、整流二极管的参数分别见表 1-3、表 1-4 所列。

表 1-3　常用二极管的参数

型号	最大整流电流(mA)	最高反向工作电压(峰值)/V	反向击穿电压(反向电流为400μA)/V	正向电流(正向电压为1V)/mA	反向电流(反向电压分别为 10V、100V)/μA	最高工作频率/MHz
2AP1	16	20	≥40	≥2.5	≤250	150
2AP2	16	30	≥45	≥1.0	≤250	150
2AP3	25	30	≥45	≥7.5	≤250	150
2AP7	12	100	≥150	≥5	≤250	150

表 1-4　常用整流二极管的参数

型号	最大正向电流（平均值）/A	最高反向工作电压（峰值）/V	最高反向工作电压下的反向电流/mA		最大正向电流下的正向电压降/V
			20℃	125℃	
2CZ12	3	50			≤0.8
2CZ12A	3	100			≤0.8
2CZ13	5	50	≤0.01		≤0.8
2CZ13J	5	1000	≤0.01	≤1	≤0.8
2CZ53B	0.1	50	≤0.01	≤1	≤0.8
1N4001	1	50	≤0.01	≤1.5	≤1
1N4002	1	100		≤1.5	≤1
1N4003	1	200			≤1
1N4004	1	400			≤1

4. 发光二极管

(1)发光二极管的结构和符号

发光二极管简称为 LED，是一种把电能直接转换成光能的元器件，符号和外形如图 1-9 所示。它是由含镓(Ga)、砷(As)、磷(P)、氮(N)等元素的化合物制成，分为普通发光二极管和大功率发光二极管，可发红、黄、绿单色光。要使发光二极管发光，其 PN 结须正向偏置。它能承受的反向击穿电压约为 5V。发光二极管的正向特性比较特殊，当工作电流为 10～

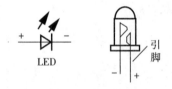

图 1-9　发光二极管的符号、外形

30mA 时，正向导通电压比普通二极管高，红色发光二极管的导通电压在 1.7～1.8V 间，绿色的为 2V 左右。在具体使用过程中应该注意发光二极管与普通二极管不一样。它具有体积小、工作电压低、工作电流小、发光均匀稳定、寿命长等特点，常用于各种直流、交流、脉冲等电源驱动点亮信号显示以及广告装饰等领域，常用发光二极管的参数见表 1-5 所列。

表 1-5　常用发光二极管的参数

颜色	波长/nm	基本材料	正向电压降(10mA 时)/V
红	650	磷砷化镓	1.6～1.8
黄	590	磷砷化镓	2～2.2
绿	555	磷化镓	2.2～2.4

任务实施

1. 任务准备

器材准备:万用表一只、各种好坏半导体二极管和发光二极管若干。

在任务实施中要注意的事项:

① 指针式万用表的红表笔内接电池的负极,黑表笔内接电池的正极。

② 数字式万用表的红表笔内接电池的正极,黑表笔内接电池的负极。

③ 测量二极管正、反向电阻时,注意两只手不能同时触及二极管的两只引脚,免得引起测量误差。

2. 二极管的识别与检测

(1)二极管的识别。二极管的识别通常采用目测法。二极管的正、负极一般都在外壳上标注出来,可通过外形、引脚的长短、标志环等判断,如图 1-3 所示。对于普通的小功率整流二极管,标有色环的一端是负极;大功率的二极管中铜瓣子的电极是负极。发光二极管通常为彩色塑料封装,且颜色鲜艳,所以很容易和普通二极管相区分。根据外形可以区分发光二极管的正、负极,长脚为正极,短脚为负极;对于透明塑封发光二极管,可以直接看到内部电极的形状,内电极较小的为正极,内电极较大的为负极。另外,有的发光二极管的两根引线一样长,但管壳上有一凸起的小舌,靠近小舌的引线是正极。

(2)用万用表检测二极管

① 普通二极管极性的检测

如果使用指针式万用表检测二极管,通常按下列步骤进行:

A. 万用表欧姆调零。首先将万用表量程置"×1k"或"100Ω"挡,然后进行欧姆调零,调零方法如图 1-10 所示。

B. 将万用表的红表笔和黑表笔分别与二极管的两个引脚相接,记录下万用表的电阻指示值,如图 1-11 所示。

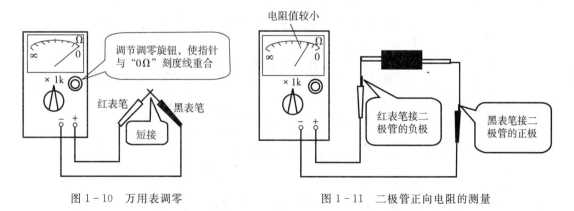

图 1-10 万用表调零 　　　　　图 1-11 二极管正向电阻的测量

C. 交换与红表笔和黑表笔相接的二极管引脚,记录下万用表的电阻指示值,如图 1-12 所示。

以测得的电阻较小的一次为准,与黑表笔相接的引脚是正极,与红表笔相接的引脚是负极;该电阻称为二极管的正向电阻,如图1-11所示。相反,较大的电阻值称为二极管的反向电阻,如图1-12所示。

　　将两次测量结果进行比较,正反向电阻值相差越大越好,若两次测量的结果均较大或较小,说明二极管已损坏。

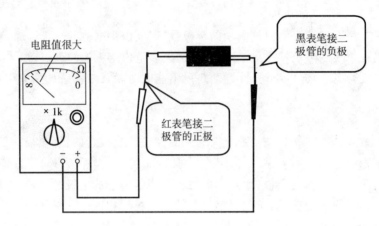

图1-12　二极管反向电阻的测量

　　如果使用数字式万用表检测二极管,检测方法如图1-13所示,通常按下列步骤进行。

　　A. 使用数字万用表二极管档,将红表笔插入VΩ孔、黑表笔插入COM孔,在数字万用表内部,红表笔和电池正极相连,黑表笔和电池负极相连;而在指针万用表里电阻挡是红表笔接触内部电池负极、黑表笔接触内部电池正极。然后将数字万用表红表笔接触二极管正极,黑表笔接触二极管负极,(测量正向电阻值)正常数值为300～600Ω。

　　B. 将红表笔接触二极管负极,黑表笔接触二极管正极(测量反向电阻值),正常数值为"1";如果两次测量都显示001或000并且蜂鸣器响,说明二极管PN结已经击穿;如果两次测量正反向电阻值均为"1",说明二极管开路;如果两次测量数值相近,说明管子质量很差;如反向电阻值为"1"或1000Ω以上,正向电阻值为300～600Ω,则说明二极管是好的。

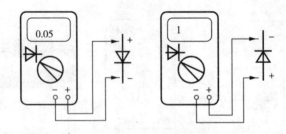

图1-13　数字式万用表检测二极管

　　② 发光二极管极性的检测

　　用指针万用表检测发光二极管极性、质量好坏的方法:

　　发光二极管具有单向导电性,使用欧姆挡可测出其正、反向电阻。一般正向电阻应小于30kΩ,反向电阻应为无穷大。若正、反向电阻均为零,说明发光二极管已被击穿短路;若正、反向电阻均为无穷大,说明内部开路。

用数字万用表判别普通发光二极管极性的方法：

A. 判别二极管正负极性

如图 1-14 所示，将数字万用表功能选择开关拨至二极管档，然后将表笔接触被测二极管的两个引脚，同时观察万用表的显示情况。如果显示为溢出符号"1"，则说明二极管处于反向截止状态，红色表笔接的引脚为二极管负极，黑色表笔接的引脚为二极管正极；如果万用表显示为"1.5～3"以内的值，则说明二极管处于正向导通状态，红色表笔接的引脚为正极，黑色表笔接的引脚为负极，同时发光二极管会发出微弱的光。

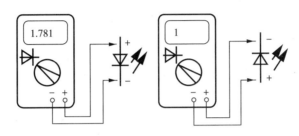

图 1-14　数字万用表检测图

B. 用数字万用表的晶体三极管 hFE 参数测试挡判别

将数字万用表功能选择开关拨至晶体三极管 hFE 参数测试挡，然后将被测发光二极管插入 NPN 型晶体三极管 hFE 参数测试孔的 C、E 孔，如发光二极管发光，则说明插入 C 孔的为二极管正极，插入 E 孔的为负极；若将被测发光二极管插入 PNP 型晶体三极管 hFE 参数测试孔的 C、E 孔，如发光二极管发光，则说明插入 E 孔的为二极管正极，插入 C 孔的为负极。

3. 二极管检测内容

(1)二极管极性的检测

用万用表测量二极管的正、反向电阻来确定二极管的正、负极，将测量结果填入表 1-6 中。

表 1-6　二极管正、反向电阻值

二极管型号	正向电阻值	反向电阻值	二极管质量的好坏
2AP1			
2AP7			
1N4001			
1N4003			
1N4004			
2CZ52B			

(2)二极管质量的检测

对测得的正、反向电阻进行比较，用以判断二极管的好坏，填入表 1-6 中。

习 题

一、填空题

1. 二极管的 P 区引出端叫（   ），N 区引出端叫（   ）。

2. PN 结外加正向电压时（   ），外加反向电压时（   ）。

3. 二极管外加正向电压时（   ），外加反向电压时（   ）。

4. 二极管导通时相当于开关（   ），截止时相当于开关（   ）。

5. 硅二极管的导通电压降是（   ）V，锗二极管的导通电压降是（   ）V。

6. 硅二极管的死区电压是（   ）V，锗二极管的死区电压是（   ）V。

7. 硅二极管的反向电流是（   ），锗二极管的反向电流是（   ）。

8. 二极管的正向接法是（   ）接电源的正极，（   ）接电源负极；反向接法相反。

9. 二极管导通条件是外加（   ）电压必须大于（   ）电压。

二、判断题

1. 二极管外加正向电压一定导通。（   ）

2. 二极管具有单向导电性。（   ）

3. 二极管一旦反向击穿就一定损坏。（   ）

4. 二极管具有开关特性。（   ）

5. 二极管外加正向电压也有稳压作用。（   ）

6. 二极管正向电阻很小反向电阻很大。（   ）

7. 测量小功率二极管正、反向电阻时要用万用表的 Rx10k 挡。（   ）

三、选择题

1. 发光二极管工作时，应加（   ）。

    A. 正向电压   B. 反向电压

    C. 正向或反向电压   D. 无法确定

2. 当硅二极管加上 0.4V 正向电压时，该二极管相当于（   ）。

    A. 很小电阻   B. 很大电阻   C. 短路   D. 开路

3. PN 结的最大特点是具有（   ）。

    A. 导电性   B. 绝缘性   C. 单向导电性   D. 光敏特性

4. 当环境温度升高时，二极管的反向电流将（   ）。

    A. 增大   B. 减小   C. 不变   D. 先变大后变小

5. 二极管导通时其管压降（   ）。

    A. 基本不变   B. 随外加电压变化   C. 没有电压   D. 不定

6. 二极管导通时相当于一个（   ）。

    A. 可变电阻   B. 闭合开关   C. 断开的开关   D. 非常大的电阻

7. 二极管测得的正、反向电阻都很小，说明二极管内部（   ）。

    A. 完好   B. 短路   C. 开路   D. 坏了

四、简答题

1. 什么是 PN 结？PN 结最基本的特性是什么？

2. 半导体的导电特性有哪些？

任务2 单相整流电路的装配与测试

任务导入

整流电路是直流稳压电源的一部分,其作用是将交流电转换成脉动的直流电。大多数整流电路由变压器、整流主电路等组成。它在直流电动机的调速、发电机的励磁调节、电解、电镀等领域得到广泛应用。

相关知识

小功率直流稳压电源常用的是单相整流电路,其形式有单相半波整流电路和单相桥式整流电路。

1. 单相半波整流电路

(1)电路组成

单相半波整流电路如图1-15所示,由电源变压器 Tr、二极管 D 组成,R_L 为负载电阻。其中,电源变压器 Tr 用来将电网 220V 交流电压变换为整流电路所要求的交流低电压,同时保证直流电源与电网电源有良好的隔离。二极管 D 是整流器件,利用其单向导电的作用来完成交流电变换成脉动直流电。

(2)工作原理

单相半波整流电路如图1-15所示,$u_2=\sqrt{2}U_2\sin\omega t$;$R_L$ 是负载电阻;D 是核心元器件整流二极管。

在变压器次级电压 u_2 的波形为正半周时,二极管因正偏而导通,电流通路如图1-15所示,$u_o=\sqrt{2}U_2\sin\omega t$。在电压 u_2 的波形为负半周时,二极管因反偏而截止,回路中没有电流通过,则 $u_o=0$。电路的输入、输出电压波形如图1-16所示,可见,在输入交流电压的一个周期内,负载只有半个周期才有电流通过,且负载得到的是一个单向脉动直流电压,完成了将交流变成直流的任务。由于该电路只将交流电的半个周期变成直流电,故称此电路为单相半波整流电路。

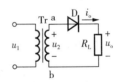

图1-15 单相半波整流电路

由输出电压极性与电压电流波形分析可知,负载所得半波整流电压,虽然方向不变,但大小总是随时间变化。数学理论可证明,输出直流电压 U_o 为一个周期内电压的平均值(半波整流电压的平均值是交流电压峰值的 $1/\pi$ 倍),即

输出电压: $$U_o=\frac{1}{2\pi}\int_0^\pi \sqrt{2}U_2\sin\omega t\,\mathrm{d}(\omega t) \qquad (1-1)$$

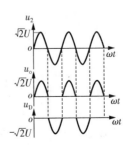

图1-16 半波整流电压波形

解得

$$U_{\text{o}} \approx 0.45U_2 \qquad (1-2)$$

负载电流平均值

$$I_{\text{o}} = \frac{U_{\text{o}}}{R_{\text{o}}} = \frac{0.45U_2}{R_{\text{L}}} \qquad (1-3)$$

(3)整流二极管的选取

由半波整流电路的工作过程可知,整流二极管截止时所承受的最高反向电压为 u_2 的峰值,即

$$U_{\text{Rm}} = \sqrt{2}U_2 \qquad (1-4)$$

通常,电网电压允许 $\pm10\%$ 的波动,因此在选用二极管时,整流二极管的最大整流电流 I_{FM} 和最高整流电压 U_{RM} 应最少留有 10% 的余地,以保证二极管的安全,即

$$I_{\text{FM}} \geqslant I_{\text{D}} \qquad (1-5)$$

$$U_{\text{RM}} \geqslant U_{\text{Rm}} \qquad (1-6)$$

单相半波整流电路简单易行,所用二极管数量少,但是它只利用了交流电压的半个周期,故输出电压较低、脉动大、效率低。因此,这种电路仅适用于负载电流小,对输出电压平滑度要求不高的场合。

【例 1-1】 在图 1-15 所示整流电路中,已知变压器次级电压有效值 $u_2 = 16\text{V}$,负载电阻 $R_{\text{L}} = 51\text{k}\Omega$,试问:

(1)负载电阻 R_{L} 上的电压平均值 U_{o} 和电流平均值 I_{o} 各为多少?

(2)电网电压允许波动 $\pm10\%$,二极管承受的最高反向电压和流过 R_{L} 的电流平均值为多少?

解:(1)由公式(1-2)、公式(1-3)分别得:

$$U_{\text{o}} = 0.45U_2 = 0.45 \times 16 = 7.2\text{V}$$

$$I_{\text{o}} = \frac{U_{\text{o}}}{R_{\text{L}}} = \frac{7.2V}{51\text{k}\Omega} = 1.41\text{A}$$

(2)二极管承受的最大反向电压、流过二极管的平均电流:

$$U_{\text{RM}} = 1.1\sqrt{2}U_2 = 1.1 \times \sqrt{2} \times 16 = 24.88\text{V}$$

$$I_{\text{D}} = 1.1I_{\text{o}} = 1.1 \times 1.41 = 1.55\text{A}$$

2. 单相桥式整流电路

常用单相桥式整流电路如图 1-17 所示,桥式整流电路由电源变压器 Tr 和四只整流二极管 D_1、D_2、D_3、D_4 接成电桥的形式,故称单相桥式整流电路。

工作原理:以图 1-17 为例,当 u_2 电压波形为正半周时,即 a 点为正,b 点为负,二极管 D_1 的正极接电源的正极,D_3 的负极接电源的负极,D_1、D_3 因得到正偏电压而导通,D_2、D_4 受反

偏电压而截止,电流沿 a→D_1→R_L→D_3→b→Tr→a 形成回路,如图 1-18a)中箭头所示。当 u_2 为波形负半周时,即 a 点为负,b 点为正,二极管 D_2 的正极接电源的正极,D_4 的负极接电源的负极,D_2、D_4 因得到正偏电压而导通,D_1、D_3 受反偏电压而截止,电流沿 b→D_2→R_L→D_4→a→Tr→b 形成回路,如图 1-18b)中箭头所示。

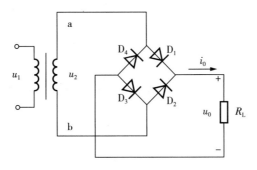

图 1-17　桥式整流电路

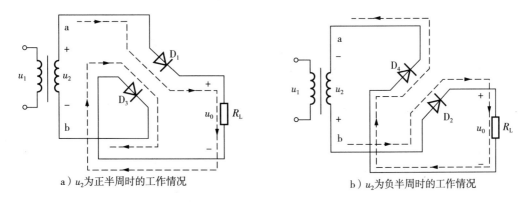

a)u_2 为正半周时的工作情况　　　　　　　b)u_2 为负半周时的工作情况

图 1-18　单相桥式整流电路工作情况

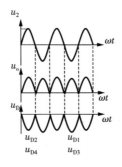

图 1-19　单相桥式整流电路输入与输出波形

由此可见,在桥式整流过程中,四个二极管两两轮流导通,在交流电压变化的整个周期之内负载 R_L 都有电流流过,且电流的方向始终从上向下,完成了将交流变成直流的任务。单相桥式整流电路的输入、输出电压波形及二极管上所承受的反向电压波形如图 1-19 所示。

由于桥式整流电路实现了全波整流,所以在电源变压器次级电压有效值不变的情况下,负载上的直流电压应是半波整流电路的两倍。

(1)负载电压与电流计算

$$U_o \approx 0.9 U_2 \qquad (1-7)$$

$$I_o = \frac{U_o}{R_L} = \frac{0.9 U_2}{R_L} \qquad (1-8)$$

(2)整流二极管的选取

在桥式整流电路中,由于二极管 D_1、D_2、D_3、D_4 两两轮流导通,所以流过每个二极管的电流为负载电流的一半,即

$$I_D = \frac{1}{2} I_o = \frac{U_o}{2R_L} = \frac{0.45 U_2}{R_L} \qquad (1-9)$$

二极管在截止时所承受的最高反向电压就是电源电压 u_2 的最大值,即

$$U_{Rm} = \sqrt{2} U_2 \qquad (1-10)$$

通常,电网电压允许 $\pm 10\%$ 的波动,因此,在选用二极管时,整流二极管在正向导通时最大整流电流和最高整流电压应最少留有 10% 的余地,以保证二极管的安全,即 $I_{FM} \geqslant I_D$、$U_{RM} \geqslant U_{Rm}$。

桥式整流的习惯画法与简化画法如图 $1-20$ 所示。

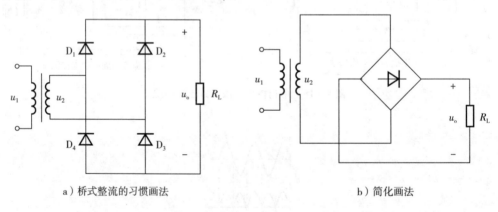

a)桥式整流的习惯画法　　　　　　　　　　b)简化画法

图 $1-20$

【例 $1-2$】 在图 $1-17$ 所示桥式整流电路中,已知变压器次级电压有效值 $U_2 = 16V$,负载电阻 $R_L = 51k\Omega$,试求:

(1)负载电阻 R_L 上的电压平均值和电流平均值各为多少?

(2)电网电压允许波动 $\pm 10\%$,二极管承受的最高反向电压 U_{RM} 和最大整流平均电流 I_{DM} 至少应选多少?

解:(1)由公式($1-7$)、公式($1-8$)分别得

$$U_o = 0.9 U_2 = 0.9 \times 16 = 14.4V$$

$$I_{\circ}=\frac{U_{\circ}}{R_{L}}=\frac{14.4}{51\text{k}\Omega}=2.8\text{A}$$

（2）根据公式（1-9）、公式（1-10），二极管的最高反向电压 U_{RM} 和最大整流平均电流 I_{DM} 至少应选：

$$U_{\text{RM}}=1.1\times\sqrt{2}U_2=1.1\times\sqrt{2}\times16=24.88\text{V}$$

$$I_{\text{DM}}>1.1I_{\text{D}}=1.1\frac{I_{\text{O}}}{2}=1.1\times\frac{2.8}{2}=1.54\text{A}$$

3. 桥式整流堆

为了方便桥式整流电路的使用，人们将四个二极管桥式整流电路进行封装，形成一体化器件。市场上已有各种规格的桥式整流电路成品，即桥式整流堆，如图 1-21 所示，其中，"～"表示两个交流输入端，"＋"表示直流正极输出端，"－"端表示直流负极输出端。

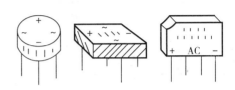

图 1-21 桥式整流堆外形

整流桥有半桥与全桥两种形式。全桥是将整流电路的四个二极管制作在一起，封装成为一个器件，有四个引出脚，两个二极管负极的连接点是全桥直流输出端的正极，两个二极管正极的连接点是全桥直流输出端的负极。

整流桥的主要参数：

（1）额定反向峰值电压有 25V、50V、100V、200V、300V、400V、500V、600V、800V、1000V 等多种规格。

（2）全桥的正向平均整流电流有 0.5A、1A、1.5A、2A、2.5A、3A、5A、10A、20A、35A、50A 等多种规格。

整流桥的命名规格：

一般整流桥命名中有 3 个数字，第一个数字代表额定电流 A，后两个数字代表额定电压，用显示数字乘以 100。

例如：GBU808G 其额定电流为 8A，额定反向峰值电压为 800V。

整流桥引脚的识别方法：

整流桥外壳上各引脚对应位置上标有"～"或"AC"符号的表示该引脚为交流输入端，"＋""－"符号的表示该引脚分别为输出直流电压的正极和负极。

任务实施

1. 任务准备

（1）单相桥式整流实训电路原理图如图1-22所示。

（2）单相桥式整流电路电子元器件及材料

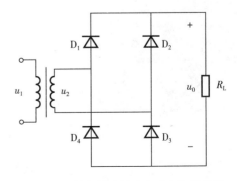

图 1-22 单相桥式整流实验电路原理图

见表 1－7 所示。

表 1－7　元器件及材料

代号	名称	规格	数量
$D_1 \sim D_4$	整流二极管	1N4001	4 只
R_L	碳膜电阻	$1k\Omega/0.5W$	1 只
Tr	电源变压器	220/7.5V	1 个
	带插头的电源线		1 根
	万能电路板		
	镀锡铜丝		
	焊料、助焊剂		

2. 电路装配

(1)元器件布置

元器件布置时，必须按照电路原理图和元器件的外形尺寸、封装形式等在万能电路板上均匀布置元器件，避免安装时相互影响，应做到使元器件排布疏密均匀；电路走向基本与电路原理图一致，一般由输入端开始向输出端"一字形排列"，逐步确定元器件的位置，互相连接的元器件应就近安放；每个安装孔只能插入一个元器件引脚，元器件水平或垂直放置，不能斜放。大多数情况下元器件都安装在电路板的同一个面上，通常把安装元器件的面称为电路板元器件面，桥式整流电路的布置示意图如图 1－23 所示。

(2)布线

按电路原理图的连接关系布线。布线应做到横平竖直，转角成直角，导线不能相互交叉。通常把布线面称为电路板焊接面，单相桥式整流电路布线示意图如图 1－24 所示。

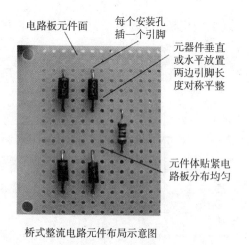

桥式整流电路元件布局示意图

图 1－23　单相桥式整流电路元件布置示意图

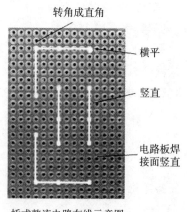

桥式整流电路布线示意图

图 1－24　单相桥式整流布线示意图

（3）焊接工艺要求

要求焊点光亮、圆滑，不能有虚焊、搭焊、孔隙、毛刺等，确保焊接质量。如虚焊、搭焊、孔隙、毛刺、焊锡太少或过多的焊点都是不合格的焊点，将元器件引脚与焊盘焊接后，应该剪去过长的引脚。图 1-25 是不合格的焊点。

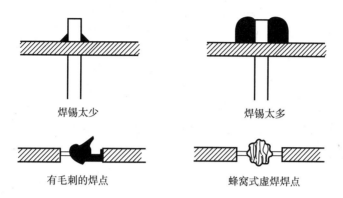

焊锡太少　　　　　　　　焊锡太多

有毛刺的焊点　　　　　　蜂窝式虚焊焊点

图 1-25　不合格的焊点

（4）焊接检查

焊接结束，首先检查电路有无漏焊、错焊、虚焊等问题。检查时可用尖嘴钳或镊子将每个元器件拉一拉，看有无松动，如果发现有松动现象，应重新焊接。

3. 通电前的检查

电路安装完毕后，必须在不通电的情况下，对电路板进行认真细致的检查，以便纠正安装错误。检查中应特别注意：

（1）元器件引脚之间有无短路。

（2）输入交流电源有无短路。

（3）二极管极性有无接反。

检查中，可借助指针式万用表"$R \times 1k$"档或数字式万用表"Ω 档"的蜂鸣器来测量；测量时应直接测量元器件引脚，这样可以同时发现接触不良的地方。

4. 电路测试

（1）测试结果

使用示波器和万用表分别观察或测量单相桥式整流电路的输入、输出电压波形和幅值。将结果记录在表 1-8 中。

表 1-8　测试结果

整流电路形式	输入电压			输出电压		
	万用表档位	U_2的值	u_2的波形	万用表档位	U_o的值	U_o的波形
桥式整流						

（2）故障检测

单相桥式整流电路中，已知变压器二次电压有效值 U_2 分别测试：

① 当电路中有一个二极管开路时的输出电压值；

② 当电路中有两个二极管同时开路时的输出电压值；

③ 当负载电阻 R_L 开路时的输出电压值。

将测试结果填入表1-9中。

表1-9 故障测试结果

故障	输出电压		
	万用表档位	U_o 的值	U_o 的波形
一个二极管 D_1 开路			
二个二极管 D_1 和 D_2 开路			
二个二极管 D_1 和 D_3 开路			
负载电阻 R_L 开路			

4. 评分标准

表1-10 评分标准

序号	项目内容	评分标准	分值	得分
1	元器件布置	不符合要求,扣20分	20	
2	焊接质量	不符合要求,扣20分	20	
3	仪表使用	不会选挡位,不会读数,扣20分	20	
4	安全操作	不注意安全,不按规范操作扣20分	20	
5	故障排除	不会分析与查找故障,扣20分	20	
6	合计		100	

习 题

一、填空题

1. 整流是利用（　　）的（　　）导电性实现的。

2. 整流是将（　　）电变成（　　）电的过程。

3. 在单相桥式整流电路中若有一个二极管开路,则输出电压为（　　）。

4. 在单相桥式整流电路中若负载电阻开路,则输出电压为（　　）。

5. 在单相半波整流电路中若负载电阻开路,则输出电压为（　　）。

6. 在单相桥式整流电路中若有一个二极管极性接反,则输出电压为（　　）,若四个二极管极性都接反,输出电压为（　　）。

二、判断题

1. 单相桥式整流电路中,通过整流二极管电流的平均值等于负载中流过的平均电流。（　　）

2. 直流负载电压相同时,单相桥式整流电路中二极管所承受的反向电压比单相半波整流电路高一倍。（　　）

3. 在单相整流电路中,输出直流电压的大小与负载大小无关。（　　）

4. 单相桥式整流电路在输入交流电的每个半周内都有两个二极管导通。（　　）

5. 在桥式整流电路中可以允许有一个二极管极性接反。（　　）

6. 在半波整流电路中二极管的极性可以反接。（　　）

三、选择题

1. 单相整流电路中,二极管承受的反向电压最大值出现在二极管（　　）。

　　A. 截止时　　　　　　　　　B. 导通时

　　C. 由导通转截止时　　　　　D. 由截止转导通时

2. 单相半波整流电路输出电压平均值为变压器二次电压有效值的（　　）倍。

　　A. 0.9　　　　　　　　　　 B. 0.45

　　C. 0.707　　　　　　　　　 D. 1

3. 在单相整流电路中二极管承受的最小电压是在二极管（　　）。

　　A. 导通时　　　　　　　　　B. 截止时

　　C. 由导通转截止时　　　　　D. 由截止转导通时

四、简答题

1. 什么叫整流电路?

2. 在桥式整流电路中出现下列故障,会出现什么现象?

(1)R_L短路;(2)有一个二极管击穿;(3)有一个二极管极性接反;(4)R_L开路。

五、计算题

1. 有一单相半波整流电路,交流电压 $u_1=220\text{V}$,$R_L=10\Omega$,电源变压器的匝数比 $n=10$,试求:整流输出电压 U_o?

2. 在单相桥式整流电路中,要求输出直流电压为 25V,输出直流电流为 200A,试分析二极管的电压、电流应满足什么要求?

任务3　滤波电路的装配与测试

任务引入

滤波电路是直流稳压电源的一部分,它是将整流输出的脉动直流电转换成较平滑的直流电。

整流电路输出的脉动直流电中,含有大量的交变成分。为了获得平滑的直流电,应在整流电路后面加接滤波电路,滤除交变成分,以获得较为平滑的直流电。

小功率直流稳压电源常用的滤波电路有电容滤波电路和电感滤波电路以及复式滤波电路等。

相关知识

1. 电容滤波电路

(1)单相半波整流电容滤波电路

在整流电路输出端与负载电阻 R_L 并联一个较大的电容 C,便构成电容滤波电路。如图 1-26a)所示。

刚开始时电容两端的初始电压为零,在 $t=0$ 时接通电路,当 u_2 由 0 上升时,二极管 D 导通,C 被充电,同时电流经二极管 D 向负载电阻供电;如果忽略二极管正向电压降和变压器内阻电压降,则 $u_0 = u_c = u_2$,在 u_2 达到最大值时,u_c 也达到最大值,如图 1-26b)中的 a 点所示。然后 u_2 按正弦规律下降,此时,$u_c > u_2$,二极管 D 截止,电容 C 向负载电阻 R_L 放电,由于放电电路电阻较大,电容放电较慢,u_c 近似以直线规律缓慢下降,波形如图 1-26b)中 a、b 段所示。当 u_c 下降到 b 点后,$u_2 > u_c$,二极管 D 又导通,电容 C 再次被充电,输出电压 u_0 随输入电压 u_2 的增加而增加;到 c 点以后,电容 C 再次经 R_L 放电,通过电容这种周期性充、放电的调节作用,从而使负载两端的电压波动减小,达到滤波的效果,滤波后电路的输出波形如图 1-26b)所示。

由以上分析可知,由于电容的不断充、放电,使得输出电压的脉动程度减小,而其输出电压的平均值有所提高。输出电压的平均值 U_0 的大小与 R_LC 的值有关,R_LC 值越大,电容 C 放电越慢,U_0 越大,滤波效果越好。当 $R_L = \infty$ 时,即负载开路时,C 无放电电路,$U_0 = U_C = \sqrt{2}U_2$。R_LC 对输出电压的影响如图 1-26b)中虚线所示。由此可见,电容滤波电路适用于负载电流较小的场合。

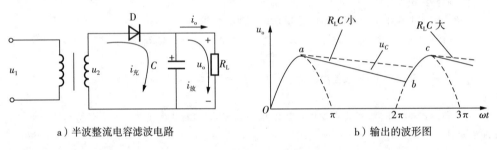

a)半波整流电容滤波电路　　　　　　b)输出的波形图

图 1-26　半波整流电容滤波电路

为了获得良好的滤波效果,一般取

$$R_LC \geqslant (3 \sim 5)T/2 \qquad (1-11)$$

式中,T 为整流电路输入交流电压的周期。此时,输出电压的近似值为

$$U_0 = U_2 \qquad (1-12)$$

(2)单相桥式整流电容滤波电路

如图 1-27a)所示为单相桥式整流电容滤波电路,其工作波形如图 1-27b)所示。

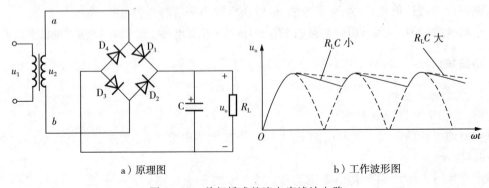

a)原理图　　　　　　　　b)工作波形图

图 1-27　单相桥式整流电容滤波电路

由图可知,桥式整流电容滤波电路在 u_2 的一个周期内电容充、放电各两次,输出电压的波形更加平滑,输出电压的平均值进　步得到提高,滤波效果更加理想。

桥式整流电容滤波电路输出电压平均值为

$$U_o = 1.2U_2 \tag{1-13}$$

（3）桥式整流电容滤波电路输出特性

描述电容滤波电路输出电压与负载电流关系的曲线称为输出特性,如图 1-28 所示。由图 1-28 可见,负载电流越小,输出电压越高,随着负载电流的增加,输出电压将减小,所以电容滤波电路适用于输出电压较高,负载电流较小且负载变动不大的场合。

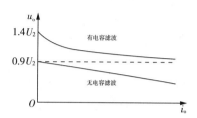

图 1-28　桥式整流电容滤波
电路输出特性

（4）桥式整流电容滤波电路中二极管的选择

因为电容滤波电路通过二极管的电流有冲击,所以选择二极管参数时必须留有足够的电流裕量。一般取实际负载电流的 2～3 倍。

（5）桥式整流电容滤波电路中电容器承受的最高峰值电压为 $\sqrt{2}U_2$,考虑到交流电源电压的波动,滤波电容器的耐压常取 1.5～2U_2。

2. 电感滤波及复式滤波电路

（1）电感滤波电路

由于通过电感的电流不能突变,用一个大电感与负载串联,使流过负载电流因不能突变而变得平滑,输出电压的波形平稳,从而实现滤波。电感滤波的实质是因为电感对交流成分呈现很大的阻抗,频率越高,感抗越大,则交流成分电压绝大部分降到电感上,电感对直流没有电压降,若忽略导线电阻,直流均落在负载上,以达到滤波的目的。

桥式整流电感滤波电路如图 1-29 所示。

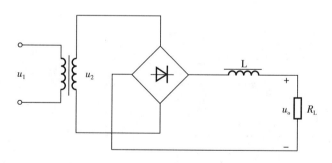

图 1-29　桥式整流电感滤波电路

由于电感电压降的影响,使输出电压平均值 U_o 略小于整流电路输出电压的平均值。如果忽略电感线圈的电阻,则 $U_o \approx 0.9U$。为了提高滤波效果,要求电感的感抗 $\omega L \gg R_L$,所以滤波电感一般采用带铁心的电感。

（2）复式滤波电路

为了进一步减小输出电压的脉动程度,可以用电容和带铁心电感组成各种形式的复式滤波电路。电感型 LC 滤波电路如图 1-30 所示。整流输出电压中的交流成分绝大部分降落在电感上，电容 C 又对交流成分进行二次滤波，故输出电压中交流成分很小，几乎是一个平滑的直流电压。

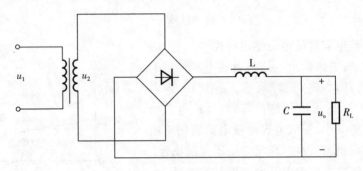

图 1-30　桥式整流电感型 LC 滤波电路

由于整流后先经电感滤波，总特性与电感滤波电路相近，所以称为电感型 LC 滤波电路。电路的输出电压较低，若将电容平移到电感 L 之前，则称为电容型 LC 滤波电路，该电路输出电压较高，但通过二极管的电流有冲击现象。

任务实施

1. 任务准备

(1)滤波电路原理图如图 1-31 所示。

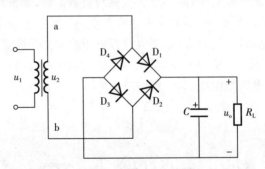

图 1-31　滤波电路实训电路原理图

(2)电子元器件及材料

准备所需仪表、工具：常用电子组装工具一套、双通道示波器一台、万用表一只。所需电子元器件及材料见表 1-11 所列。

表 1-11　电子元器件及材料

代号	名称	规格	数量
$D_1 \sim D_4$	整流二极管	1N4001	4 只
R_L	碳膜电阻	1kΩ/0.5W	1 只
C	电解电容器	220μF/16V	1 只

（续表）

代号	名称	规格	数量
Tr	电源变压器	220V/7.5V	1个
	带插头的电源线		1根
	万能电路板		1块
	镀锡铜丝		
	焊料、助焊剂		

2. 电路安装

（1）元器件布置

元器件布置时，必须按照电路原理图和元器件的外形尺寸、封装形式等在万能电路板上均匀布置元器件，避免安装时相互影响，应做到使元器件排布疏密均匀；电路走向基本与电路原理图一致，一般由输入端开始向输出端"一字形排列"，逐步确定元器件的位置。互相连接的元器件应就近安放，每个安装孔只能插入一个元器件引脚，元器件水平或垂直放置，不能斜放。大多数情况下元器件都安装在电路板的同一个面上，通常把安装元器件的面称为电路板元器件面，桥式整流电路的布置示意图如图1-32b)所示。

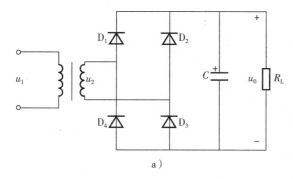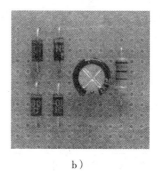

a)   b)

图1-32 桥式整流滤波电路原理图及元件布置图

（2）布线

按电路原理图的连接关系布线。布线应做到横平竖直，转角成直角，导线不能相互交叉。

（3）焊接工艺要求

为确保焊接质量要求焊点光亮、圆滑，不能有虚焊、搭焊、孔隙、毛刺等，将元器件引脚与焊盘焊接后，应该剪去过长的引脚。

（4）焊接检查

焊接结束，首先检查电路有无漏焊、错焊、虚焊等问题。检查时可用尖嘴钳或镊子将每个元器件拉一拉，看有无松动，如果发现有松动现象，应重新焊接。

3. 通电前的检查

电路安装完毕后，必须在不通电的情况下，对电路板进行认真细致的检查，以便纠正安装错误。检查中应特别注意：

（1）元器件引脚之间有无短路。

（2）输入交流电源有无短路。

（3）二极管极性有无接反。

检查中，可借助指针式万用表"R×1k挡"或数字式万用表"Ω挡"的蜂鸣器来测量，测量时应直接测量元器件引脚，这样可以同时发现接触不良的地方。

4. 电路测试

（1）测试结果

使用示波器和万用表分别测量单相桥式整流电路的输入、输出电压波形及幅值和滤波电路输出电压波形及幅值。将结果记录在表 1-12 中。

表 1-12 测试结果

整流电路形式	输入电压			输出电压		
	万用表档位	输入电压的值	输入电压的波形	万用表档位	输出电压的值	输出电压的波形
桥式整流电路						
电容滤波电路						

（2）故障检测

根据表 1-13 中所列故障，分别测试电路输出电压；将测试结果填入表 1-13 中。

表 1-13 故障测试结果

故障	输出电压		
	万用表档位	U_o的值	U_o的波形
一个二极管 D_1 开路			
滤波电容开路			
一个二极管和电容开路			
负载电阻 R_L 开路			

5. 评分标准

评分标准见表 1-14 所列。

表 1-14 评分标准

序号	项目内容	评分标准	分值	得分
1	元器件布置	不符合要求，扣 20 分	20	
2	焊接质量	不符合要求，扣 20 分	20	
3	仪表使用	不会使用仪表，扣 20 分	20	
4	安全操作	不注意安全，扣 20 分	20	
5	故障排除	不会分析与查找故障，扣 20 分	20	
6	合计		100	

习 题

一、填空题

1. 常用的滤波电路有（　　）、（　　）、复式滤波等几种。

2. 滤波电路的作用是滤去（　　）提取（　　）。

3. 在桥式整流电容滤波电路中若负载电阻开路，则输出电压为（　　），若滤波电容开路输出电压为（　　）。

4. 在半波整流电容滤波电路中若负载电阻开路，则输出电压为（　　），若滤波电容开路输出电压为（　　）。

5. 在桥式整流电容滤波电路中若有一个二极管极性接反，则输出电压为（　　），若四个二极管极性都接反输出电压为（　　）。

6. 滤波电容应和负载（　　），滤波电感应和负载（　　）。

二、判断题

1. 整流电路接入电容滤波后，输出直流电压下降。（　　）

2. 电容滤波电路带负载的能力比电感滤波电路强。（　　）

3. 单相整流电容滤波电路中，电容器的极性不能接反。（　　）

4. 在电容滤波电路中，整流二极管的导通时间缩短了。（　　）

5. 在电容滤波电路中，整流二极管通过的电流有冲击现象。（　　）

三、选择题

1. 单相桥式整流电路接入滤波电容后，二极管的导通时间（　　）。

    A. 变长　　　　　　B. 变短　　　　　　C. 不变　　　　　　D. 变化不一定

2. 电容滤波电路适合于（　　）。

    A. 大电流负载　　　B. 小电流负载　　　C. 一切负载　　　D. 对负载没要求

3. 在桥式整流电容滤波电路中若负载电阻开路时，输出电压为（　　）。

    A. $0.9U_2$　　　　　B. $0.45U_2$　　　　C. $1.414U_2$　　　D. U_2

4. 在滤波电路中，与负载并联的元器件是（　　）。

    A. 电容　　　　　　B. 电感　　　　　　C. 电阻　　　　　　D. 开关

四、简答题

1. 什么叫滤波电路？

2. 桥式整流电容滤波电路输出电压在多大范围变化？

任务 4　稳压电路的装配与调试

任务引入

交流电经过整流可以变成脉动直流电，但是它的波动比较大；滤波电路虽然将脉动直流电压的波动减小很多，其输出电压还有一定的波动；另外，供电电压的变化或用电电流的变化，都能引起电源电压的波动，所以，经过整流、滤波等电路处理过的电压，是不稳定的。要获得稳定不变的直流电源，还必须再增加稳压电路。稳压电路的类型大致有三种：稳压管稳压电路、三极管串联稳压电路和集成稳压电路。

本任务将主要介绍稳压管稳压电路和集成稳压电路。

相关知识

1. 稳压二极管稳压电路

(1)稳压二极管

稳压二极管是采用硅半导体材料通过特殊工艺制造的,专门工作在反向击穿区的一个平面型二极管。一般二极管都是正向导通,反向截止;加在二极管上的反向电压,如果超过二极管的承受能力,二极管就要击穿损毁。但是有一种二极管,它的正向特性与普通二极管相同,而反向特性却比较特殊:当反向电压加到一定程度时,虽然管子呈现击穿状态,通过较大电流,却不损毁,并且这种现象的重复性很好;反过来看,只要管子处在击穿状态,尽管流过管子的电流变化很大,而管子两端的电压却变化极小起到稳压作用。这种特殊的二极管叫稳压管。稳压管的型号有 2CW、2DW 等系列,由于能稳压,所以称为稳压二极管,其伏安特性和图形符号如图 1-33 所示。

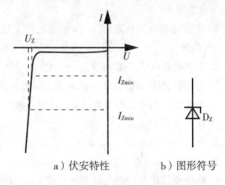

a)伏安特性　　　b)图形符号

图 1-33　稳压二极管的伏安特性

稳压管是利用反向击穿区的稳压特性进行工作的,因此,稳压管在电路中要反向连接。稳压管的反向击穿电压称为稳定电压。不同类型稳压管的稳定电压也不一样,某一型号的稳压管的稳压值固定在一定范围。例如:2CW11 的稳压值是 3.2V 到 4.5V,其中某一只管子的稳压值可能是 3.5V,另一只管子则可能是 4.2V。

(2)稳压管的主要参数

① 稳定电压 U_Z

U_Z 就是稳压管作为稳压器件在正常工作状态下两端的电压值,它随工作电流和温度的不同而略有变化。

② 稳定电流 I_Z

稳压管工作在稳压状态时的工作电流。其值在最大稳定电流 I_{Zmax} 与最小稳定电流 I_{Zmin} 之间。

③ 动态电阻 r_Z

动态电阻是稳压管两端电压变化量与电流变化量的比值。动态电阻随工作电流的不同而改变。通常工作电流越大,动态电阻越小,此时稳压性能越好。显然,对于同样的电流变化量 ΔI,稳压管两端的电压变化量 ΔU 越小,动态电阻 r_Z 越小,稳压管性能就越好。

(3)稳压管稳压电路

由稳压二极管 D_Z 和降压限流电阻所组成的稳压电路是一种最简单的直流稳压电路,如图 1-34 所示。它是利用稳压管 PN 结的击穿区具有稳定电压的特性来工作的。U_I 是整流滤波后的不太稳定的输出电压;电阻 R 为降压限流电阻;D_Z 是稳压二极管,工作在反向击穿区。因稳压管 D_Z 与负载电阻 R_L 并联,故称该稳压电路为并联型稳压电路,其输出端电压就

是稳压管两端稳定电压。由图 1-34 可知

$$U_O = U_I - I_R R \tag{1-14}$$

$$I_R = I_Z + I_O \tag{1-15}$$

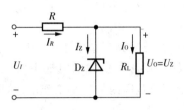

图 1-34 稳压管稳压电路

电路的稳压过程可通过下面两种情况来进行说明：

① 负载 R_L 不变，输入电压 U_I 变化时

设 U_I 升高，则输出 U_O 亦升高，即稳压管电压 U_Z 也升高，于是 I_Z 增大，I_R 也随之增大，由式(1-14)可知，U_O 会下降，从而使输出电压 U_O 稳定。当减小 U_I 时，亦可使输出电压稳定。

即：

$$U_I \uparrow \longrightarrow U_O \uparrow \longrightarrow U_Z \uparrow \longrightarrow I_Z \uparrow \longrightarrow I_R \uparrow$$
$$U_O \downarrow$$

② 输入电压 U_I 不变，负载 R_L 变化时

设 R_L 减小，则会造成 U_O 有减小趋势，同时 I_Z 随 U_O 减小，由式(1-15)可知，I_R 也随之减小，由式(1-14)可知，U_O 会增大，从而使输出电压 U_O 稳定。当 R_L 增大时，亦可使输出电压稳定。

即

$$R_L \downarrow \longrightarrow U_O \downarrow \longrightarrow U_Z \downarrow \longrightarrow I_Z \downarrow \longrightarrow I_R \downarrow$$
$$U_O \uparrow$$

综上所述，稳压管稳压电路，就是在输入电压波动或负载变化时，利用稳压管所起的电流调节作用，通过降压限流电阻 R 上电压或电流的变化补偿作用，实现输出电压的稳定。

(4)稳压二极管和降压限流电阻的选择

① 输入电压 U_I 的确定

U_I 取得太高，则要求 R 阻值大，稳定性能好，但损耗大。另外，考虑电网电压的波动，一般取

$$U_I = (2\sim3)U_O \tag{1-16}$$

② 稳压二极管的选择

一般根据稳压管的 U_Z、I_Z 选择稳压管的型号。取

$$U_Z = U_O \tag{1-17}$$

$$I_Z = (1.5 \sim 3)I_{Omax} \tag{1-18}$$

③ 限流电阻的选择

由式(1-14)和式(1-15)得

$$I_Z = \frac{U_I - U_O}{R} - I_O$$

降压限流电阻的选择要保证稳压管具有稳压作用,需满足下面两种情况:

A. 输入电压波动到最低($U_I = U_{Imin}$),负载电阻最小($I_O = I_{Omax}$),此时流经稳压管的电流最小,要使稳压管的电流大于稳压范围内的最小工作电流,即

$$I_Z = \frac{U_{Imin} - U_O}{R} - I_{Omax} \geqslant I_{Zmin}$$

由此得出

$$R \leqslant \frac{U_{Imin} - U_O}{I_{Zmin} + I_{Omax}}$$

B. 电网电压波动到最高($U_I = U_{Imax}$),负载电阻最大($I_O = I_{Omin}$),此时流经稳压管的电流最大,要使稳压管的电流小于稳压范围内的最大工作电流,即

$$I_Z = \frac{U_{Imax} - U_O}{R} - I_{Omin} \leqslant I_{Zmax}$$

由此得出

$$R \geqslant \frac{U_{Imax} - U_O}{I_{Zmax} + I_{Omin}}$$

降压限流电阻必须同时满足以上两种情况,故有

$$\frac{U_{Imax} - U_O}{I_{Zmax} + I_{Omin}} \leqslant R \leqslant \frac{U_{Imin} - U_O}{I_{Zmin} + I_{Omax}} \tag{1-19}$$

限流电阻的功率为

$$P_R \geqslant \frac{(U_{Imax} - U_O)^2}{R} \tag{1-20}$$

【例题 1-3】 稳压管稳压电路如图 1-34 所示。已知 $U_I = 20\text{V}$,变化范围 $\pm 20\%$,稳压管稳压值 $U_Z = 10\text{V}$,负载电阻 R_L 变化范围为 $(1 \sim 2)\text{k}\Omega$,稳压管的稳定电流 I_Z 范围为 $(10 \sim 60)\text{mA}$。试确定限流电阻 R 的范围。

解:$I_Z = \frac{U_{Imax} - U_Z}{R} - I_{Omin} \leqslant I_{Zmax}$,$R \geqslant \frac{U_{Imax} - U_Z}{I_{Zmax} + I_{Omin}} = R_{min}$

$$U_{Imax} = U_I(1 + 20\%) = 24\text{V}, \quad I_{Omin} = \frac{U_Z}{R_{Lmax}} = \frac{10}{2} = 5\text{mA}$$

所以,

$$R \geqslant \frac{24 - 10}{0.06 + 0.005} = 215\Omega$$

$$I_Z = \frac{U_{Imin} - U_Z}{R} - I_{Omax} \geqslant I_{Zmin}, \quad R \leqslant \frac{U_{Imin} - U_Z}{I_{Zmin} + I_{Omax}} = R_{max}$$

$$U_{I\min} = U_I(1-20\%) = 16\text{V}, \quad I_{O\max} = \frac{U_Z}{R_{1\min}} = \frac{10}{1} = 10\text{mA}$$

所以，
$$R \leqslant \frac{16-10}{(10+10)\times 10^{-3}} = 300\Omega$$

故，R 的取值范围为 $215\Omega \leqslant R \leqslant 300\Omega$。

总之，稳压管稳压电路，虽然稳定度不是很高，输出电流也较小，但却具有简单、实用的优点，因而应用非常广泛。在实际电路中，要使用好稳压二极管，应注意如下几个问题。

① 要注意区别普通二极管与稳压二极管

很多普通二极管，特别是玻璃封装管，外形颜色等与稳压二极管较相似，如不细心区别，就会使用错误。区别方法是：

A. 看外形。不少稳压二极管为圆柱形，较短、粗，而一般二极管若为圆柱形，则较细、长。

B. 看标志。稳压二极管的外表面上都标有稳压值，如 2V7，表示稳压值为 2.7V；而普通二极管的表面一般都是色环、色点等标记。

C. 用万用表测量正反阻值。根据单向导电性，用万用表合适挡位先把被测二极管的正负极性判断出来，然后根据其正、反向阻值来区分是普通二极管还是稳压管。若反向阻值很大，则为普通二极管的可能性很大；若反向阻值变得很小，则为稳压二极管。

② 注意稳压二极管正向使用与反向使用的区别

稳压二极管正向导通使用时，与一般二极管正向导通使用时基本相同，正向导通后两端电压也是基本不变，约为 0.7V。从理论上讲，稳压二极管也可正向作稳压管使用，只是其稳压值低于 1V，且稳压性能不好，一般不单独用稳压管的正向导通特性来稳压，而是用反向击穿特性来稳压，反向击穿电压值即为稳压值。有时将两个稳压管串联使用，一个是利用它的正向特性，另一个是利用它的反向特性，使稳压管既起稳压作用，又能起温度补偿作用，以提高稳压效果。

2. 集成稳压电路

随着集成电路的发展，稳压电路也制成了集成器件。由于集成稳压器具有体积小、外接电路简单、使用方便、工作可靠和通用性强等特点，因此在各种电子设备中应用十分普遍，基本上取代了由分立零件构成的稳压电路。集成稳压器件的种类很多，使用时应根据电子设备对直流电源的要求来进行选择。对于大多数电子仪器和设备来说，一般选用串联线性集成稳压器，而在这类器件中，又以三端式稳压器应用最为广泛。

(1)三端集成稳压器

三端稳压器主要有两类，一类是输出电压为固定值，这类称为固定输出三端稳压器；另一类是输出电压可调，此类称为可调输出三端稳压器。它们的基本工作原理相同，均采用串联型线性稳压电路和各种保护电路集成在一起而制成。

输出电压为固定值的三端稳压器目前主要有 78、79 两个系列，它们的输出电压是固定的，在使用中不能进行调整。78 系列三端式稳压器输出正极性电压，一般有 5V、6V、9V、12V、15V、18V、24V 七个档次，输出电流最大可达 1.5A(加散热片)，最小为 0.1A。79 系列三端式稳压器输出负极性电压。如图 1-35 所示为 78 系列三端式稳压器的外形和符号。

它有三个引出端:输入端是 1 号端子,公共端是 2 号端子,输出端是 3 号端子。

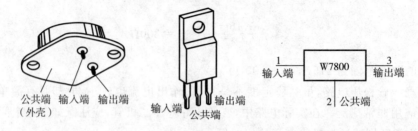

图 1-35 78 系列三端稳压器的外形

除固定输出三端式稳压器外,还有可调式三端式稳压器,后者可通过外接元件对输出电压进行调整,以适应不同的需要。

78、79 系列集成稳压器的型号及意义如图 1-36 所示。型号中的××表示该电路输出电压值,分别为 ±5V、±5V、±6V、±9V、±12V、±15V、±18V、±24V 共七种。

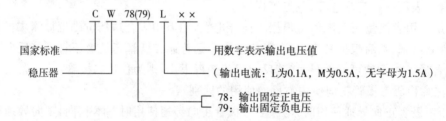

图 1-36 78、79 系列集成稳压器的型号及意义

(2)三端集成稳压器的应用

① 单电源电压输出稳压电路

图 1-37 所示是用 78 系列三端式稳压器构成的单电源电压输出串联型稳压电源电路。

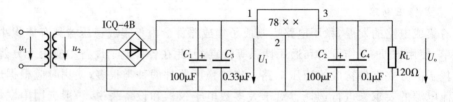

图 1-37 由 78×× 构成的串联型稳压电源电路

其中整流部分采用了由四个二极管组成的桥式整流器(又称为桥堆),型号为 ICQ-4B。滤波电容 C_1、C_2 一般选取几百至几千微法;当稳压器距离整流滤波电路较远时,在输入端必须接入电容器 C_3,以抵消电路的电感效应,防止产生自激振荡。输出端电容 C_4 用以滤除输出端的高频信号,改善电路的暂态效应。

② 同时输出正、负电压的稳压电路

同时输出正、负电压的稳压电路如图 1-38 所示。

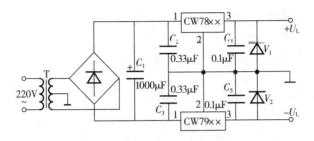

图 1-38 同时输出正、负电压的稳压电路

③ 三端集成稳压器输出电压、电流扩展电路

当集成稳压器本身的输出电压或输出电流不能满足要求时,可通过外接电路来进行性能扩展。图 1-39 所示是一种简单的输出电压扩展电路。如 7812 稳压器的 3、2 端间输出电压为 12V,因此只要适当选择 R_1 的阻值,使稳压二极管 D_Z 工作在线性区,则输出电压 U_o =12V+U_Z,可以高于稳压电路的输出电压。图 1-40 所示是通过外接晶体管 T 及电阻 R_1 来进行电流扩展的电路。电阻 R_1 的阻值由外接晶体管 T 的发射结导通电压 U_{BE}、三端式稳压器的输入电流 I_i(近似等于三端式稳压器的输入电流 I_{O1})和晶体管 T 的基极电流 I_B 来决定,即

$$R_1 = \frac{U_{BE}}{I_R} = \frac{U_{BE}}{I_i - I_B} = \frac{U_{BE}}{I_{O1} - \dfrac{I_C}{\beta}}$$

式中,I_C 为晶体管 T 的集电极电流,其值为 $I_C = I_O - I_{O1}$;β 为晶体管 T 的电流放大倍数;对于锗管 U_{BE} 可按 0.3V 计算,对于硅管 U_{BE} 可按 0.7V 计算。

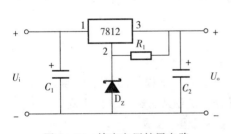

图 1-39 输出电压扩展电路

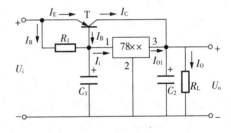

图 1-40 输出电流扩展电路

任务实施

1. 电路装配

(1)采用三端式集成稳压器的直流稳压电源电路原理图

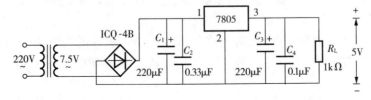

图 1-41 采用三端式集成稳压器的直流稳压电源电路原理图

（2）电子元器件及材料

准备所需仪表、工具：常用电子组装工具一套、双通道示波器一台、万用表一只。所需电子元器件及材料在滤波电路的基础上增加见表 1-15 所列。

表 1-15　电子元器件及材料

符号	名称	规格	数量
C_1、C_2	电解电容器	$220\mu F$	2 只
C_3	无极性电容	$0.33\mu F$	1 只
C_4	无极性电容	$0.1\mu F$	1 只
R_L	碳膜电阻器	$1k\Omega$	1 只
ICQ-4B	桥式整流器		1 个
CW7805	三端式稳压器		1 个
电源线			1 根
万能电路板			
镀锡铜丝			
焊料、助焊剂			

（3）电路组装

稳压电路的组装应在前面电路的基础上进行。元器件布置时必须按照电路原理图和元器件的外形尺寸、封装形式在电路板上均匀布置，避免安装时相互影响，做到使元器件排布疏密均匀。稳压电路的所有元器件应以三端式稳压器为中心布局，其他均匀分布在三端式稳压器两边，按照从输入向输出的方向布置。

要求：

① 电阻紧贴电路板水平安装。安装时注意电阻的色环方向。

② 电容器底部应贴近电路板，采用垂直安装，电解电容注意正、负极要正确。

③ 稳压器底部离开电路板 5mm，采用垂直安装。注意其引脚安装要正确。

④ 布线正确，做到横平竖直、转角成直角，导线不能相互交叉。

⑤ 焊接工艺好，无漏焊、虚焊现象。

（4）电路焊接好后检查

① 先观察，用镊子将每个元件拉一拉，看有没有松动现象；如果有松动，要重新焊接。

② 各元器件引脚是否短路，引脚是否焊错。

③ 检查交流电源是否正确，检查变压器二次输出电压是否符合要求。

2. 电路调试

接通电源，用万用表测量变压器输出电压、滤波电容器两端电压、稳压器输出电压，记入表 1-16；观察它们的数值与理论上的差值，如果误差太大，说明电路出现了故障。要找出故障并加以排除。

表 1-16　电路测试结果

序号	项目内容	测量数值（V）	埋论数值（V）
1	变压器输出电压		
2	电容器 C_1 两端电压		
3	稳压器输出电压		

3. 评分标准

表 1-17　评分标准

序号	项目内容	评分标准	分值	得分
1	元器件布置	不符合要求，扣 20 分	20	
2	焊接质量	不符合要求，扣 20 分	20	
3	仪表使用	不会使用仪表，扣 20 分	20	
4	安全操作	不注意安全，扣 20 分	20	
5	故障排除	不会分析与查找故障，扣 20 分	20	
6	合计		100	

习　题

一、问答题

1. 稳压二极管是一个专门工作在（　　）区的平面型二极管。

2. 稳压管构成的稳压电路是利用（　　）与稳压二极管共同作用实现稳压的，且两者缺一不可。

3. 常用的稳压电路有（　　）、（　　）和（　　）。

4. 常用的三端式集成稳压器有（　　）、（　　）等几种。

5. 78 型集成稳压电器输出电压为（　　），79 型输出电压为（　　）。

6. 集成稳压器具有体积小、外接电路（　　）、使用方便、工作可靠和（　　）等特点。

7. 集成稳压器应根据（　　）对直流电源的（　　）来进行选择。

8. 78、79 系列三端式稳压器的输出电压是（　　）的，在使用中（　　）进行调整。

9. 78M 系列稳压器的输出电流为（　　），78L 系列稳压器的输出电流为（　　）。

10. 三端式稳压器的 1 端为（　　），2 端为（　　），3 端为（　　）。

二、选择题

1. 稳压管构成的稳压电路，其接法是（　　）。

　　A. 稳压二极管与负载电阻串联　　　　B. 稳压二极管与负载电阻并联

　　C. 限流电阻与稳压二极管串联后，负载电阻再与稳压二极管并联

　　D. 限流电阻、负载电阻均与稳压二极管并联

2. 7805L 型三端式稳压器输出电压为（　　）。

　　A. 8V　　　　　　　　B. 5V　　　　　　　　C. −5V　　　　　　　　D. 7V

3. 7805L 型三端式稳压器输出电流为（　　）。

　　A. 0.5A　　　　　　　B. 1.5A　　　　　　　C. 0.1A　　　　　　　D. 0.3A

4. 三端式稳压器的 1 端是(　　)。

   A. 输入端　　　　　　B. 输出端　　　　　　C. 公共端

5. 78、79 系列三端式稳压器输出电压有(　　)。

   A. 五个挡　　　　　　B. 八个挡　　　　　　C. 九个挡　　　　　　D. 七个挡

6. 三端集成稳压器输出电压扩展电路中的稳压二极管应工作在(　　)。

   A. 非线性区　　　　　B. 正向特性　　　　　C. 反向击穿区　　　　D. 反向特性

项目二　晶体管放大电路

任务1　三极管的检测与选用

任务引入

三极管是由半导体材料构成,因此称为半导体三极管,又称晶体三极管(简称三极管),一般简称晶体管,或双极型晶体管。它是最常用的半导体器件,是放大电路的核心器件。晶体管内部有三块半导体、两个 PN 结,外部有三个电极,分别称为基极、发射极和集电极。晶体管常用作放大、开关等。晶体管的识别、选用与检测方法是实际工作中一项必须具备的基本技能。本任务主要介绍晶体管的分类、结构、符号、工作原理、特性和主要参数,以及三极管的检测与选用方法。

相关知识

1. 三极管的分类

三极管的种类很多,按内部结构分有 NPN 型和 PNP 型;按工作频率分有低频三极管和高频三极管;按功率分有小功率三极管、中功率三极管和大功率三极管;按其构成材料分有硅管和锗管;按照安装方式可分为插件三极管和贴片三极管等等。

2. 三极管的结构与符号

三极管顾名思义具有三个电极,常见的三极管外形如图 2-1 所示。三极管的基本结构是由 P 型半导体和 N 型半导体组成的3 层结构;根据分层次序的不同,三极管有PNP 和 NPN 两种类型。在三极管的内部,由于 P 型半导体和 N 型半导体相互间隔,因此存在两个反向连接的 PN 结面。其内部的三层半导体依次称为集电区、基区和发射区,其中发射区与基区之间形成的 PN 结称为发射结,集电区与基区之间形成的 PN结称为集电结。相应三个接出来的端点依次为基极(Base,B)、发射极(Emitter,E)、集

图 2-1　常见的三极管外形

电极(Collector,C)。三极管的结构及其电路符号如图 2-2 所示。三极管的内部结构表面上看似乎集电区和发射区相对基区对称,但其内部结构是有很大的不同的。其结构特点是:发射区的掺杂浓度高;基区的掺杂浓度低,且只有几微米至几十微米;集电结的面积比发射结要大得多。因此,三极管的集电极和发射极在使用中也是不能相互颠倒的。在图 2-2中,三极管的文字符号用 T 表示。NPN 型管的发射极(e)箭头向外,而 PNP 型管的发射极(e)箭头是向内的。

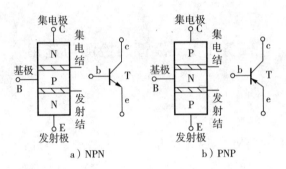

图 2-2　三极管的结构示意图及其电路符号

3. 三极管的电流分配与放大作用

(1)三极管放大的外部条件

依据两个 PN 结的偏置情况,通常三极管有放大、饱和、截止三种工作状态。当外部条件满足发射结正向偏置、集电结反向偏置,三极管工作在放大状态;当外部条件满足发射结正向偏置、集电结正向偏置,三极管工作在饱和状态;当外部条件满足发射结反向偏置、集电结反向偏置,三极管工作在截止状态。本节内容仅介绍放大状态。因 NPN 型和 PNP 型三极管的极性不同,外加的电压极性也不同。如图 2-3 所示,基极电源 U_{BB} 为三极管的发射结提供正向偏置电压,集电极电源 U_{CC} 为三极管的集电结提供反向偏置电压。从电位的角度看,若基极电位用 V_B 表示,发射极电位用 V_E 表示,集电极电位用 V_C 表示。NPN 型三极管的发射结正偏即满足 $V_B>V_E$,集电结反偏即 $V_C>V_B$,则三点电位关系为:$V_C>V_B>V_E$。PNP型三极管的发射结正偏即 $V_B<V_E$,集电结反偏即 $V_C<V_B$,则三点电位关系为:$V_C<V_B<V_E$。

(2)三极管的电流分配与放大作用

以 NPN 型三极管为例介绍三极管的电流分配关系与放大作用。为定量了解三极管的电流分配和放大原理,先做一个实验,实验电路如图 2-4 所示。R_P为可调电阻,通过调节 R_P 的值来改变基极电阻从而调节基极电流。用符号 I_B、I_C、I_E 分别代表流过三极管基极、集电极

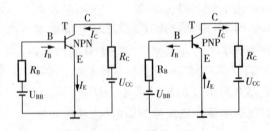

图 2-3　三极管的工作电压

和发射极的电流。基极电流 I_B 的值可从微安表上读出,每改变一次 I_B 后分别从毫安表上读出对应的集电极电流 I_C 和发射极电流 I_E。实验数据见表 2-1 所列。

表 2-1　NPN 型三极管各极电流实验数据

基极电流 I_B(mA)	0	0.01	0.02	0.03	0.04
集电极电流 I_C(mA)	<0.001	0.78	1.58	2.37	3.16
发射极电流 I_E(mA)	<0.001	0.80	1.60	2.40	3.20

分析表中的数据,可得出以下结论:

① 三极管中基极、集电极和发射极的电流符合基尔霍夫电流定律,即:

$$I_E = I_B + I_C$$

② 因 I_B 很小,则 $I_E \approx I_C$。

③ 基极电流的微小变化引起集电极电流较大的变化。例如 I_B 由 0.01mA 变化到 0.02mA,I_C 由 0.78mA 变化到 1.58mA,则:

$$\beta = \frac{\Delta I_C}{\Delta I_B} = \frac{1.58-0.78}{0.02-0.01} = 80 \tag{2-1}$$

式(2-1)中 β 为三极管电流放大系数,表示三极管放大电流的能力。

(3)三极管的特性及主要参数

三极管的特性曲线是描述各极之间的电压、电流关系的,主要有输入和输出特性曲线,可通过实验测试,测试电路如图 2-5 所示。

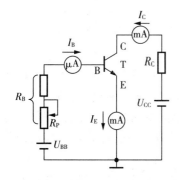

图 2-4　三极管电流测试电路

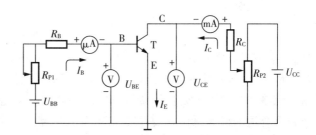

图 2-5　三极管的特性测试电路

① 输入特性

输入特性是指三极管在电压 U_{CE} 一定的条件下,基极电流 I_B 与发射结压降 U_{BE} 之间的关系。测量输入特性时,先固定 $U_{CE} \geq 0$,调节 R_{P1},记录相应的 I_B 和 U_{BE} 值。得到的三极管输入特性曲线如图 2-6a)所示。此时三极管的输入特性曲线与二极管的正向特性曲线相类似。由图 2-6a)可见,当 U_{BE} 大于死区电压(一般硅管约为 0.5V,锗管约为 0.1V)时,三极管才导通,输入回路才有 I_B 电流产生;发射结正偏导通后,发射结两端的电压为常数,硅管的压降 U_{BE} 约为 0.7V,锗管约为 0.3V。当 U_{CE} 增大时,曲线将右移。

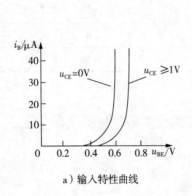
a) 输入特性曲线

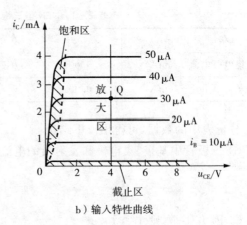
b) 输入特性曲线

图 2-6　三极管的特性曲线

② 输出特性

输出特性曲线是指在三极管的基极电流 I_B 一定时,集电极与发射极之间的电压 U_{CE} 和集电极电流 I_C 之间的关系曲线。在图 2-5 中的测试电路中,先调节 R_{P1} 为某一值使得 $I_B=20\mu A$,然后调节 R_{P2} 使得 U_{CE} 从 0V 开始逐渐增大到 8V,记录下 I_C 的值。按照同样的做法将 I_B 调到 $10\mu A$、$30\mu A$、$40\mu A$、$50\mu A$,就可以得到一簇相互平行的输出特性曲线,如图2-6b)所示。

三极管的输出特性可分为三个区域,即饱和区、放大区和截止区。

A. 截止区。将 $I_B=0$ 以下的区域称为截止区,在图 2-6b)中表现为几乎与横轴重合的区域。三极管工作在此区域时的特征:发射结与集电结均反偏。基极电流 $I_B=0$,对应的集电极电流 $I_C\approx I_E=I_{CEO}$(很小),三个电极间相当于开路,集电极 C 与发射极 E 之间等效为一个断开的开关。

B. 放大区。放大区在图 2-6b)中输出特性曲线相互平行、间隔均匀的中间平坦的区域,几乎与横轴平行的部分。三极管工作在此区域时的特征:发射结正偏,集电结反偏。当 I_B 一定时,I_C 的值基本上不随 U_{CE} 而变化;当基极电流发生微小的变化量 ΔI_B 时,相应的集电极电流将产生较大的变化量 ΔI_C,即 $\Delta I_C=\beta\Delta I_B$。根据图 2-6b)中三极管的输出特性曲线可设置合适的静态工作点 Q,可保证其放大电路不产生失真。

C. 饱和区。将 $U_{CE}\leqslant U_{BE}$ 时的区域称为饱和区,在图 2-6b)中表现为曲线上升和弯曲的部分。三极管工作在此区域时的特征:发射结和集电结均正偏。I_C 由外电路决定,与 I_B 无关。对应的 U_{CE} 值称为饱和压降,用 U_{CES} 表示。小功率管(硅管约为 0.3V,锗管约为 0.1V),大功率管的 U_{CES} 为 1~3V。理想时,$U_{CES}\approx 0$。集电极 C 与发射极 E 之间等效为一个闭合的开关。

在实际电路中,只要测出了三极管各电极对地的电位 V_B、V_C、V_E,再根据三极管工作在各个区时 PN 结的偏置情况,就可知道其工作状态。

【例 2-1】　如图 2-7 测得三极管各极的电位,试判断三极管的工作状态。

解:图 2-7a)E 结正偏,C 结反偏,故工作在放大区。

图 2-7b)E 结反偏,C 结反偏,故工作在截止状态。

图 2-7c)E 结正偏,C 结正偏,故工作在饱和状态。

③ 三极管的主要参数

三极管的参数反映了三极管性能和使用范围,是选择和使用三极管的依据。这里只介绍主要参数,它们均可在半导体器件手册中查找到。

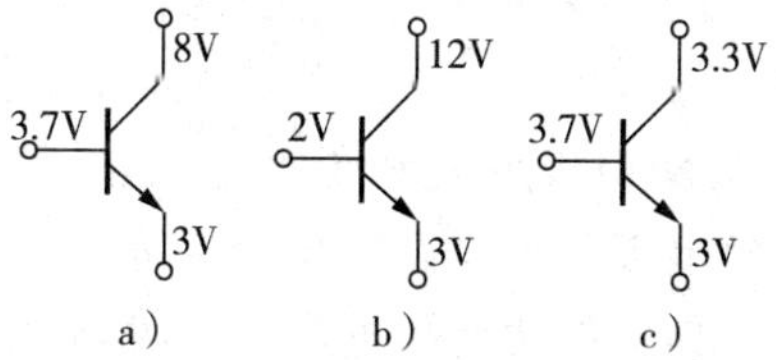

图 2-7 三极管各极电位

电流放大系数:

A. 共射直流电流放大系数 $\bar{\beta}$

共射直流电流放大系数 $\bar{\beta}$ 是指集电极电流 I_C 与基极电流 I_B 之比,即

$$\bar{\beta} = I_C / I_B \qquad (2-1)$$

$\bar{\beta}$ 反映共射接法时三极管的直流电流放大能力。

B. 共射交流电流放大系数 β

共射交流电流放大系数 β 是指共射接法时集电极电流变化量与基极电流变化量之比,即

$$\beta = \Delta I_C / \Delta I_B \qquad (2-2)$$

β 反映共射接法时三极管的交流电流放大能力。

上述两个电流放大系数 $\bar{\beta}$ 和 β 的含义虽然不同,但对同一只三极管来说,在相同的工作条件下 $\bar{\beta} \approx \beta$,应用中不再区分,均用 β 来表示。由于制造工艺的分散性,同一型号三极管的 β 值差异较大。选管时,β 值应恰当,β 太小,放大作用差;β 太大,性能不稳定,通常选用 30~100 之间的管子。

极间反向饱和电流:

三极管的反向电流有集电极—基极间的反向电流 I_{CBO} 和集电极—发射极反向电流 I_{CEO},它们是衡量三极管质量的重要指标。

① 集电极—基极间的反向电流 I_{CBO}

集电极—基极间的反向电流 I_{CBO} 是指发射极开路,集电结加反向电压时测得的集电极电流,也称集电结反向饱和电流。

② 集电极—发射极反向电流 I_{CEO}

集电极—发射极反向电流 I_{CEO} 是指基极开路时,集电极与发射极之间的反向电流,也称穿透电流。穿透电流的大小受温度的影响较大,穿透电流小的管子热稳定性好。

三极管的穿透电流与反向饱和电流的关系为

$$I_{CEO} = (1+\beta) I_{CBO} \qquad (2-3)$$

选用管子时,I_{CBO} 和 I_{CEO} 应尽量小。硅管比锗管的极间反向电流小 2~3 个数量级。

极限参数:

A. 集电极最大允许电流 I_{CM}

三极管的集电极电流 I_C 在相当大的范围内 β 值基本保持不变,但当 I_C 的数值大到一定程度时,电流放大系数 β 值将下降。我们把 β 下降至 2/3 时的 I_C 称为集电极最大允许电流

I_{CM}。为了使三极管在放大电路中能正常工作,使用时一般 $I_C < I_{CM}$,否则管子易烧毁。而选管时,$I_{CM} \geqslant I_C$。

B. 集电极最大允许功耗 P_{CM}

集电极最大允许功耗 P_{CM} 是指三极管工作在放大状态时,集电结上允许损耗功率的最大值。集电结功耗超过这个值时,管子性能变坏甚至烧毁,即 $P_C > P_{CM}$ 时,管子烧坏。只有在 $P_C < P_{CM}$ 的范围内,管子才能安全工作。因此,在实际应用时需要对集电结耗散功率规定一个限额,即 P_{CM}。最大允许功耗 $P_{CM} = I_{CM} \cdot U_{CEM}$。

C. 反向击穿电压 $U_{(BR)CEO}$

三极管的某一电极开路时,另外两个电极间所允许加的最高反向电压称为极间反向击穿电压。反向击穿电压 $U_{(BR)CEO}$ 是指基极开路时集电极—发射极的反向击穿电压。使用时,一般 $U_{CE} < U_{(BR)CEO}$,否则易造成管子击穿。选管时,$U_{(BR)CEO} \geqslant U_{CE}$。

任务实施

1. 三极管的识别与检测

(1)三极管的识别

三极管的引脚排列有一定的规律,将三极管有文字的平面朝向自己,则引脚排列如图 2-8 所示。将小功率三极管显示文字平面面朝自己,引脚朝下放置,则引脚从左向右依次为 E、B、C;将中型功率三极管的背面朝向自己,引脚朝下放置,则引脚从左向右依次为 B、C、E;将大型功率三极管的引脚朝上,则左侧引脚为 B,右侧引脚为 E,外壳为 C。

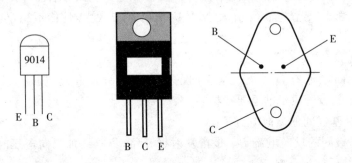

图 2-8 三极管的引脚排列图

(2)三极管的检测

由于三极管的种类较多,在实际使用时仅通过引脚排列规律并不能确定各引脚。通常需要借助万用表来检测。下面介绍分别用指针万用表和数字万用表的检测三极管引脚的方法。

① 用指针万用表判断三极管

A. 判断三极管的管型和基极

首先找出基极(B 极)。对于小功率三极管的检测,先将万用表功能选择开关拨至 $R \times 100$ 或 $R \times 1k$ 档;假设三极管的某极为基极,将黑表笔接在假设的基极上,再将红表笔依次接到其余两个电极上,若两次测得的电阻都很大(为几千欧姆到十几千欧姆)或者都很小(为几百欧姆到几千欧姆),则对调表笔再重复上述测量,若测得的两个电阻值都很大或很小,则可以确定假设的基极是正确的。若无一个电极符合上述测量结果,说明此晶体管已坏。当基极确定后,将黑表笔接基极,红表笔分别接其他两极,若测得的电阻值都很小,则该晶体管为 NPN 型,反之则为 PNP 型。

B. 判断集电极 C 和发射极 E

上一步的测量已确定三极管的类型和基极,再使用指针万用表 $R×1k$ 挡进行测量。现以 NPN 型三极管为例,测量电路如图 2-9 所示。将指针万用表的黑表笔接到假设的集电极 C 上,红表笔接到假设的发射极 E 上,并用手捏住 B 和 C 极,相当于在 B,C 间接了一个 $100kΩ$ 左右的电阻(注意 B、C 不能直接接触),读出刻度盘上显示的 C、E 间的电阻值,然后将三极管的假设集电极 C、发射极 E 调换重新测量。比较两次测得的电阻值,则测得阻值小的那次假设正确。

C. 测量电流放大倍数 β

确定三极管管型与三个电极之后,可通过指针万用表的三极管电流放大系数 hFE 测量挡的直接测 β 值,方法是先将指针万用表的转换开关旋至三极管电流放大系数 hFE 挡,然后将三极管的两个表笔短接,欧姆调零后将三极管的三个电极分别插入相应管型的 E、B、C 孔,直接从刻度盘上读出 β 值。

D. 三极管好坏的判断

在判别三极管基极的过程中,若对三极管的

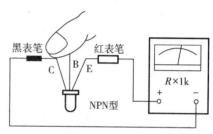

图 2-9　指针万用表判断 NPN 型
三极管的集电极和发射极

三个电极中的任两极分别对调表笔重复测量,如有任何两极出现两次测得的电阻同时小的情况,或在基极已知的情况下,对调表笔重复两次测量基极和其他极间电阻有同时小和同时大的情况,则说明三极管已损坏。如测量基极和其他极间的电阻,对调表笔重复两次测量是一次小和一次大,一般的情况下该三极管正常,但也有可能无放大能力或放大能力很弱。只有测出其 β 值,才能判断其好坏或放大能力大小。

② 用数字万用表测量

A. 判断三极管的管型和基极

将数字万用表拨至二极管测量挡,将红表笔接到假定基极上,用黑表笔分别接另外两个电极;交换表笔再测一次,若四次测量的值中,两次同时显示出二极管正向压降的 mV 值(硅管约 700mV,锗管约为 200mV),两次同时显示溢出符号"1"时,表明假设的基极正确。若是红表笔接在假设的基极时测得的两次电压同时为某 mV 值时,表明该管是 NPN 管;若是黑表笔接在假设的基极测得的电压同时为某 mV 值时,表明该管为 PNP 管;若四次测量的电压值无上述情况,则表明假定的基极不正确。应重新假设基极测试,直至找到四次测量的电压值中有两次同时为某 mV 值时,两次同时为"1"的情况为止。

B. 判断集电极 C 和发射极 E

在判断出基极和管型后,再利用万用表的三极管 hFE 测量挡判别 C、E 极,即将万用表的转换开关转向 hFE 测量挡,然后将三极管的三个电极分别插入相应管型的 E、B、C 孔,交换 E、C 电极测量两次。测得 β 值较大的那一次,说明电极插入正确,然后根据电极插孔标记分辨出 E 极和 C 极。

C. 三极管好坏的判断

在判别三极管基极的过程中,若无两次测得的电压同时为某 mV 值时,无两次测得的电压同时为 1 的情况出现,说明三极管已损坏。

习　题

一、填空题

1. 三极管从结构上看可以分成（　　）和（　　）两种类型。

2. 某三极管的发射极电流等于 1mA,基极电流等于 $20\mu A$,则其集电极电流等于（　　）,电流放大系数 β 等于（　　）。

3. 三极管共发射极输出特性常用一组曲线来表示,其中每一条曲线对应一个特定的（　　）。

4. 当三极管工作在（　　）区时,关系式 $I_C \approx \beta I_B$ 才成立,发射结（　　）偏置,集电结（　　）偏置。

5. 当三极管工作在（　　）区时,$I_C \approx 0$;发射结（　　）偏置,集电结（　　）偏置。

6. 当三极管工作在（　　）区时,$U_{CE} \approx 0$。发射结（　　）偏置,集电结（　　）偏置。

7. 当 NPN 硅管处在放大状态时,在三个电极电位中,以（　　）极的电位最高, （　　）极电位最低。

8. 当 PNP 锗管处在放大状态时,在三个电极电位中,以（　　）极的电位最高, （　　）极电位最低,U_{BE} 等于（　　）。

9. 三极管的电流放大是指（　　）电流对（　　）的控制能力。

二、判断题

1. 三极管有两个 PN 结,因此它具有单向导电性。（　　）

2. 三极管的集电极和发射极可以互换使用。（　　）

3. NPN 型晶体管和 PNP 型晶体管可以互换使用。（　　）

4. NPN 型晶体管和 PNP 型晶体管的工作电压极性相同。（　　）

5. 当晶体管的发射结正向偏置、集电结反向偏置时,晶体管有电流放大作用。（　　）

6. 三极管工作在放大区时其基极电流可以无限增加。（　　）

7. 三极管集电极电流与集电极、发射极间的电压无关。（　　）

8. 三极管集电极电流可以无限增加。（　　）

三、选择题

1. 测得放大电路中某晶体管三个电极对地的电位分别为 6V、5.3V 和 −6V,则该三极管的类型为（　　）。

　A. 硅 PNP 型　　　　　　B. 硅 NPN 型　　　　　　C. 锗 PNP 型　　　　　　D. 锗 NPN 型

2. 测得放大电路中某晶体管三个电极对地的电位分别为 8V、2.3V 和 2V,则该三极管的类型为（　　）。

　A. 硅 PNP 型　　　　　　B. 硅 NPN 型　　　　　　C. 锗 PNP 型　　　　　　D. 锗 NPN 型

3. 用直流电压表测得三极管电极 1、2、3 的电位分别为 $V_1 = 1V, V_2 = 1.3V, V_3 = -5V$,则三个电极为（　　）。

　A. 1 为 E;2 为 B;3 为 C　　　　　　　　　　B. 1 为 E;2 为 C;3 为 B

　C. 1 为 B;2 为 E;3 为 C　　　　　　　　　　D. 1 为 B;2 为 C;3 为 E

4. 用直流电压表测得三极管电极 1、2、3 的电位分别为 $V_1 = 2V, V_2 = 6V, V_3 = 2.7V$,则三个电极为（　　）。

　A. 1 为 E;2 为 B;3 为 C　　　　　　　　　　B. 1 为 E;2 为 C;3 为 B

　　　　C. 1 为 B；2 为 E；3 为 C　　　　　　　　　　D. 1 为 B；2 为 C；3 为 E

5. 处于放大状态的 NPN 型晶体管，各电极的电位关系是（　　）。

　　A. $V_B>V_C>V_E$　　　　　　　　　　　　　B. $V_E>V_B>V_C$

　　C. $V_C>V_B>V_E$　　　　　　　　　　　　　D. $V_C>V_E>V_B$

6. 处于放大状态的 PNP 型晶体管，各电极的电位关系是（　　）。

　　A. $V_B>V_C>V_E$　　　　　　　　　　　　　B. $V_E>V_B>V_C$

　　C. $V_C>V_B>V_E$　　　　　　　　　　　　　D. $V_C>V_E>V_B$

7. 三极管共发射极输出特性常用一组曲线来表示，其中每一条曲线对应一个特定的（　　）。

　　A. I_C　　　　　　　B. U_{CE}　　　　　　　C. I_B　　　　　　　D. I_E

8. 三极管的集电极和发射极互换使用后其电流放大系数（　　）。

　　A. 增大　　　　　　　B. 不变　　　　　　　C. 减小　　　　　　　D. 不定

任务 2　共发射极放大电路的装配与调试

任务引入

　　以三极管为核心构成的放大电路，按输入与输出信号共用三极管的电极不同，分为共发射极（共射）放大电路、共集电极（共集）放大电路和共基极（共基）放大电路三种组态，如图 2-10 所示。共发射极放大电路是指输入信号加在晶体管的基极与发射极之间，输出信号取自集电极和发射极之间，输入/输出信号共用晶体管的发射极的电路。在前置放大电路中，一般使用共射与共集放大电路，而共基放大电路多用于高频和宽频带信号放大，根据本书适用范围，在此只介绍共射和共集放大电路。

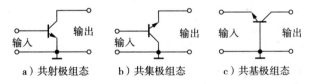

　　　　a) 共射极组态　　　　　　b) 共集极组态　　　　　　c) 共基极组态

图 2-10　放大电路的三种组态

相关知识

1. 共射极基本放大电路的组成

　　共发射极基本放大电路如图 2-11 所示。图 2-11a)、图 2-11b)是最简单的单管共发射极放大电路的实物和原理图，输入端接交流信号源，输入信号电压为 U_i；输出端接负载电阻 R_L，输出电压 U_o。图 2-11 中的符号"⊥"表示电路的参考零电位，又称公共参考端，俗称"接地"。它是电路中各点电压的公共端点。电路中其他元器件的作用如下：

　　(1)直流电源 U_{CC}

　　主要有两个作用，一是为放大电路提供能源；二是保证发射结正偏和集电结反偏，使晶体管起放大作用。U_{CC} 的数值一般为几伏～十几伏。

（2）晶体管 T

晶体管是放大电路中的核心器件，利用它的电流放大能力来实现信号放大。

（3）基极偏置电阻 R_B

U_{CC} 通过 R_B 为发射结提供正偏电压，为三极管提供固定的基极偏置电流，使三极管工作在放大区。R_B 值一般为几十千欧～几百千欧。

（4）集电极电阻 R_C

将晶体管的电流放大作用转换成电压放大作用。R_C 值一般为几千欧～十几千欧。

（5）耦合电容 C_1 和 C_2

其作用是"隔直通交"，隔离输入、输出交流信号与电路直流的联系，同时能使信号顺利输入、输出。

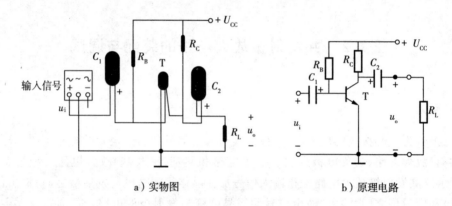

a）实物图　　　　　　　b）原理电路

图 2-11　共发射极基本放大电路

2. 共射极基本放大电路的工作原理

在放大电路中，当有信号输入时，交流量和直流量共存。故分析共射极放大电路工作原理时分为静态和动态两种工作情况。当输入信号 $u_i = 0$ 时，称放大电路处于静态，也称直流工作状态。当输入信号 $u_i \neq 0$ 时，称放大电路处于动态，也称交流工作状态。

（1）静态工作情况分析

静态情况下，即直流电源单独作用时三极管的基极电流 I_B、集电极电流 I_C、基极与发射极间电压 U_{BE}、集电极与发射极间电压 U_{CE} 称为放大电路的静态工作点，用 Q 表示，常用参数 I_{BQ}、I_{CQ}、U_{BEQ}、U_{CEQ} 表示。因为静态工作情况下，三极管等元件中流过的只有直流电流，所以静态工作情况的分析，只需在放大电路的直流通道进行。直流通路，即能通过直流电流的路径。画直流通路的方法是把电容看作开路、电感看作短路，以三极管为中心把直流电流能够通过的路径保留下来。根据这一画法画出图 2-11 的直流通路如图 2-12a）所示。

交流通路，即能通过交流电流的路径。画交流通路的方法是直流电源和耦合电容看作短路，以三极管为中心把交流电流能够通过的路径保留下来。直流电源看作短路，这是因为按叠加原理，交流电流流过直流电源时，没有压降；当电容容量足够大时，对信号而言，其交流压降近似为零，故在交流通路中，可将耦合电容视为短路。根据交流通路的画法，画出图 2-11 的交流通路如图 2-12b）所示。

静态工作情况可根据放大电路的直流通道进行分析，在近似估算中常认为 U_{BEQ} 为已知

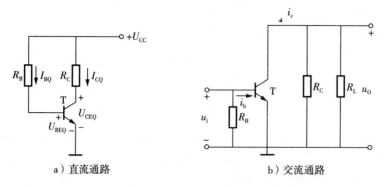

a）直流通路　　　　　　　　　b）交流通路

图 2-12　共发射极基本放大电路的直流和交流通路

量,对于硅管,通常取 0.7V;对于锗管,通常取 0.2V。当 $U_{CC} > 10U_{BEQ}$ 时,可略去。

由图可知:

$$I_{BQ} = \frac{U_{CC} - U_{BEQ}}{R_B} \approx \frac{U_{CC}}{R_B} \qquad (2-4)$$

$$I_{CQ} = \beta I_{BQ} \qquad (2-5)$$

$$U_{CEQ} = U_{CC} - I_{EQ}R_C \qquad (2-6)$$

静态工作点确定后,我们就可以在此基础上进行动态分析了。

【例 2-2】　如图 2-13 所示,已知三极管 $\beta = 100, U_{BEQ} = 0.7V$,求静态工作点 $Q(I_{BQ}、I_{CQ}、U_{CEQ})$。

解:根据 KVL,有

$$12 = 470I_{BQ} + 0.7$$

故,　　　$I_{BQ} = 0.024\text{mA} = 24\mu\text{A}$

又因为

$$I_{CQ} = \beta I_{BQ}$$

所以

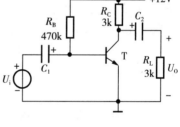

图 2-13

$$I_{CQ} = 100 \times 0.024 = 2.4(\text{mA})$$

同样根据 KVL,有

$$U_{CEQ} = 12 - 3 \times 2.4 = 4.8(\text{V})$$

(2)动态工作情况分析

放大电路在交流输入信号作用下的工作状态称为动态,动态也即是放大电路对交流信号进行放大的工作状态。

① 放大电路对输入交流信号的放大过程

当放大电路输入正弦交流信号时,放大电路中的三极管的基极输入电流 i_B、集电极电流

i_C和集电极电流与发射极的电压u_{CE}都在原来静态直流量的基础上叠加了一个交流量,电路各处的电流和电压波形如图2-14所示。即

$$i_B = I_{BQ} + i_b$$

$$i_C = I_{CQ} + i_c$$

$$u_{CE} = U_{CEQ} + u_{ce}$$

式中:i_B、i_C、u_{CE}表示交直流混合量,i_b、i_c、u_{ce}表示纯交流量。因此,放大电路中电压、电流包含两个分量:一个是静态工作情况决定的直流成分I_{BQ}、I_{CQ}、U_{CEQ};另一个是由输入电压引起的交流成分i_b、i_c和u_{ce}。虽然这些电流、电压的瞬时值是变化的,但它们的方向始终是不变的。由图可见,输出电压u_o的幅度比输入电压u_i的幅度大得多,同时u_o是与u_i同频率的正弦波;这就是说,u_i通过电路被放大了,而且放大后没有改变原来的形状。

从图2-14a)与图2-14e)可看到,输出电压u_o和输入电压u_i相位差180°。这是由于当u_i增加时,i_b、i_c是增加的,所以三极管的管压降$u_{CE} = U_{CC} - i_c R_c$将随着$i_c$的增加而减小,经过隔直电容$C_2$将$u_{CE}$中的直流分量隔离后得到的交流输出电压$u_o$恰好与$u_i$相位相反。这种现象称为放大电路的倒相作用。这是共射极放大电路的一个很重要的概念。

② 放大电路的主要指标

动态分析的目的是通过观察分析放大电路各处的波形和求解相应的技术参数来判断放大电路是否达到设计要求。描述放大电路的性能优劣,主要有以下几项主要指标:

A. 电压放大倍数A_u

放大电路的电压放大倍数定义为放大器输出电压有效值U_o与输入电压有效值U_i之比,用A_u表示。A_u是衡量放大电路电压放大能力的指标。

$$A_u = \frac{U_o}{U_i} \qquad (2-7)$$

对于图2-11所示的共发射极放大电路,其电压放大倍数为

$$A_u = \frac{U_O}{U_i} = -\frac{\beta R_L'}{r_{be}} \qquad (2-8)$$

式(2-8)中,负号(一)表示输出电压u_o的相位与输入电压u_I的相位相反;β为晶体管的电流放大倍数;r_{be}为晶体管的输入电阻;通常低频小功率晶体管的输入电

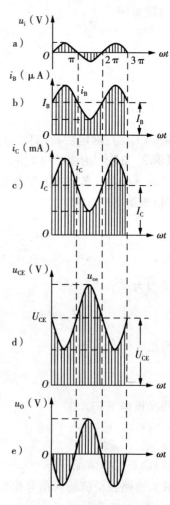

图2-14 共射放大电路电压、电流波形

阻可用式(2-9)估算:

$$r_{be} = 300 + (1+\beta)\frac{26(mV)}{I_{EQ}(mA)}(\Omega) \tag{2-9}$$

R'_L 为放大电路的交流等效负载电阻,

$$R'_L = R_C // R_L = \frac{R_C R_L}{R_C + R_L} \tag{2-10}$$

B. 输入电阻 R_i

放大器的输入电阻就是从放大器输入端看进去的等效电阻。

$$R_i = \frac{U_i}{I_i} = \frac{I_i(R_B // r_{be})}{I_i} = R_B // r_{be} \approx r_{be} \tag{2-11}$$

C. 输出电阻 R_o

对负载而言,放大器相当于信号源,从放大器输出端来看,放大器可以看作是一个含源二端网络,因此其等效电路的内阻就是放大器的输出电阻 R_o。

$$R_o = R_C \tag{2-12}$$

(3)关于静态工作点的几点讨论

通过上面对基本放大电路的分析可见,放大电路的动态工作情况还是很复杂的,影响放大电路的因素也很多,在此从以下几方面进行讨论,可以帮助我们对放大电路的认识进一步深化。

① 静态工作点对波形失真的影响

对一个放大电路来说,我们除了希望得到所要求的放大倍数外,还要求输出电压能正确反映输入电压的变化,也就是要求波形失真小,否则就失去放大的意义。在放大电路中,输出电压的波形是与静态工作点有密切关系的,如果静态工作点选择不当,就不能达到对波形失真小的要求。由图 2-14 可见,当正弦交流信号 u_i 输入时,放大器中各处的电流、电压都是在静态电流和静态电压的基础上上下波动。如果静态工作点的位置太低,在 u_i 的负半周,晶体管将会由于发射结出现截止造成 i_B 的严重失真,相应的 i_C 的负半周和 u_{CE} 的正半周被削平从而产生失真。这种失真是由于晶体管的截止而引起的,故称为截止失真。要避免截止失真,必须增加 I_{BQ}、I_{CQ} 以提高静态工作点的位置,一般要使 I_{BQ} 大于 i_b 的幅值,也就是说,要保证在输入电压的整个周期内,三极管都不会截止。但是,如果静态工作点的位置太高,尽管 i_B 为不失真的正弦波,但晶体管在输入信号 u_i 的正半周靠近峰值的某段时间内,当 i_B 增大时,这时集电极电流 i_C 由于受到电源电压 U_{CC} 和集电极电阻 R_C 的制约,已经接近最大值 U_{CC}/R_C,所以不服从 $i_C = \beta i_B$ 的规律了。尽管 i_B 在增加,i_C 也不能按比例再增加,这种情况称为 i_C 已达到饱和,由此使 i_C 顶部和 u_{CE} 的底部被削平产生的失真称为饱和失真。要避免饱和失真,一种方法是降低偏流 I_{BQ},使静态工作点下移;另一种方法是减小集电极电阻 R_C,增大集电极电流 i_C 的最大值 U_{CC}/R_C。

上面波形失真和静态工作点位置的关系同样适用于 PNP 管。必须指出的是,由于 PNP 管和 NPN 管各极所加的直流电压极性相反,虽然同样是饱和失真或截止失真,但是对于 PNP 管在示波器上观察到的 u_{CE} 波形同 NPN 管是有区别的。PNP 管的饱和失真出现在 u_{CE}

的正半周,而截止失真出现在 u_{CE} 的负半周。

截止失真和饱和失真都是由于三极管工作到特性曲线的非线性部分引起的,所以都称为非线性失真。由上面的分析看来,静态工作情况的选择对动态工作情况产生很大的影响,但只要正确选择静态工作点,就可以使输出电压波形的非线性失真减到最小,并能得到一定的放大倍数。

② 静态工作点对电压放大倍数的影响

作为一个电压放大器,我们总希望它的电压放大倍数足够高,以便能获得所要求的输出电压。从式(2-8)可知,$A_u = -\dfrac{\beta R_L'}{r_{be}}$,$A_u$ 与 β、R_L' 和 r_{be} 是直接有关的,改变这些参数可改变电压放大倍数。但在调试过程中,如电路参数选择不当,往往不能达到要求。

如通过增大 R_C 以提高 R_L' 从而提高 A_u,从物理意义来说,在一定的电流变化时,增大 R_C 可获得较大的电压变化。但是 R_C 的增加到一定程度时,三极管容易工作到特性曲线的饱和区而产生失真,所以只能在不产生失真的情况下适当加大 R_C。同时,$R_L' = R_C//R_L$,当 R_L 一定时,增大 R_C 以提高 A_u 就要受到 R_L 的限制,特别是 R_L 比较小的时候,增大 R_C 以提高 R_L' 的作用就不大了。

再看 β 和 r_{be} 对 A_u 的影响,提高 β 会使 A_u 增加,因为在同一基极电流变化时,β 大所得到的集电极电流的变化大,集电极电压变化也大,从而使 A_u 增加。但是,由于三极管的各参数之间是有内在联系的,采用 β 大的三极管往往并不一定能够获得较大的电压放大倍数。由式(2-9)知,$r_{be} = 300 + (1+\beta)\dfrac{26(\text{mV})}{I_{EQ}(\text{mA})}(\Omega)$,可见,采用 β 大的管子,r_{be} 就要增加,这就会限制 A_u 的提高。为了进一步说明这个问题,我们从 r_{be} 的表达式可见,在 $(1+\beta)\dfrac{26(\text{mV})}{I_{EQ}(\text{mA})} \gg 300\Omega$ 的条件下,

$$r_{be} = 300 + (1+\beta)\frac{26(\text{mV})}{I_{EQ}(\text{mA})} \approx (1+\beta)\frac{26(\text{mV})}{I_{EQ}(mA)},\text{代入式}(2-8)\text{得:}$$

$$A_u = -\beta \frac{R_L'}{(1+\beta)\dfrac{26(\text{mV})}{I_{EQ}}}$$

通常 $\beta \gg 1$,就可认为 $(1+\beta) \approx \beta$,因此上式可简化为

$$A_u \approx -\frac{R_L' I_{EQ}}{26(\text{mV})} \tag{2-13}$$

式(2-12)说明,当 R_L' 确定后,A_u 实际上决定于静态时的发射极电流 I_{EQ}。这个公式告诉我们,为什么在实际调试放大器时,只要稍把 I_E 提高一点,就能使 A_u 在一定范围内明显地增大,而往往选用 β 较大的管子反而达不到这个效果。

但是,I_E 的增加是有限制的,因为 I_E 的增加就是 I_C 的增加,若 I_C 增加到一定程度时,将导致放大器工作到饱和区,所以通过增加 I_E 来提高 A_u 是有条件的。

总之,上述几个参数必须根据具体情况适当选择,才能取得较高的放大倍数。首先,必

须设置一个合适的静态工作点 Q，只有在合适的 Q 点的基础上，调整有关参数才能获得较高的放大倍数，同时又使波形失真较小。

任务实施

1. 实训电路

共发射极实训电路原理图如图 2-15 所示。

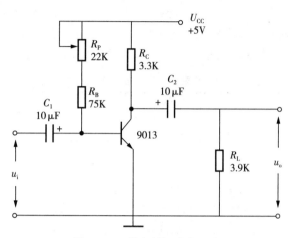

图 2-15 共发射极放大电路

2. 器件、器材

表 2-1 共发射极放大电路元器件（材）明细表

序号	名称	元件标号	型号规格	数量
1	微调电位器	R_p	22K	1
2	金属膜电阻器	R_B	75k，1/4W	1
3	金属膜电阻器	R_C	3.3k，1/4W	1
4	金属膜电阻器	R_L	3.9k，1/4W	1
5	电解电容	C_1、C_2	10μF/16V	2
6	晶体管	T	9013	1
7	印制电路板（或万能板）	—	配套印制电路板或单孔板	1

3. 装配要求

要求根据该电路原理图装配电路，装配工艺要求为：

① 电阻均采用水平安装，要求贴紧电路板，电阻的色环方向应一致。

② 电解电容器采用垂直安装，电容器底部应贴近电路板，并注意正、负极应正确。

③ 晶体管采用垂直安装，底部离开电路板 5mm，并注意引脚应正确。

④ 布线正确、合理，焊点合格，无漏焊、虚焊、短路现象。

4. 电路组装

元器件布局完成后，按原理图完成元器件焊接与线路连接，并自检焊接时有无短路与虚焊,以及错误连接情况。焊接时应做到焊点光滑圆亮,大小均匀,无虚焊和漏焊;连接导线颜色要规范(请查相关资料)。焊接完成后,保留元器件引脚长度1~1.5mm,然后剪去多余长度。剪切时不得让引脚承受过大的机械拉力,以免造成焊点松动。

5. 功能检测与调试

电路组装完成后,按以下步骤完成电路功能检测与调试。

(1)静态工作点调整

在共发射极放大电路的输入端加入频率 $f=1\text{kHz}$ 的正弦信号 u_i;用示波器监测负载电阻两端的波形;反复调整 R_P 及信号源的输出幅度,使示波器显示的波形正负峰刚好开始出现失真时为止;将电路输入端对地短路(使 $u_i=0$),完成表2-2数据的测量。

表2-2 共射放大电路静态工作点的测量

$V_B(\text{V})$	$V_C(\text{V})$	$I_B(\text{mA})$	$I_C(\text{mA})$	$U_{CE}(\text{V})$

(2)电压放大倍数的测量

用信号发生器在共发射极放大电路输入端加入频率 $f=1\text{kHz}$ 的正弦信号,用示波器监测放大器输出端的波形;调节信号发生器输出信号的大小,用示波器同时观测输入信号 u_i 和输出信号 u_o 的波形,在输出波形不失真的前提下,观察输入信号 u_i 和输出信号 u_o 波形的相位关系;分别读出其峰-峰值 u_{ip-p}、u_{op-p},并记录于表2-3中。

表2-3 共射放大电路电压放大倍数与波形测量

测量项目	$u_{ip-p}(\text{V})$	$u_{op-p}(\text{V})$	A_{ul}
电压			
波形			

(3)静态工作点对输出波形失真的影响

将输入端短路,使输入信号 $u_i=0$。调节 R_P,使 $I_C=1.0\text{mA}$,测出 U_{CE}。再让输入端恢复,逐渐加大输入 u_i,使输出电压 u_o 足够大但不失真。然后,保持输入信号不变,分别增大和减小 R_P,使输出波形失真,绘出 u_o 的波形。再次使 $u_i=0$,测出失真情况下的 I_C 和 U_{CE},并记录于表2-4中。

表2-4 静态工作点对输出波形的影响

项目	$I_C(\text{mA})$	$U_{CE}(\text{V})$	u_o 的波形	u_o 波形失真说明	静态工作点位置对输出波形失真的影响
R_P	1.0				
R_P 增大					
R_P 减小					

习 题

一、填空题

1. 共射放大电路输出电压与输入电压相位（　　）。

2. 所谓静态是指放大电路输入信号为（　　）时电路的工作状态。

3. 放大电路的静态工作点是指 U_{CEQ}、（　　）和（　　）。

4. 放大电路的静态工作点设置过低会产生（　　）失真，设置过高会产生（　　）失真。

5. 由于放大电路的静态工作点不合适导致三极管工作于非线性区而引起的失真称为（　　）失真，该失真包括（　　）失真和（　　）失真。

6. 放大电路的静态工作点不但应设置（　　），而且还要（　　）。

7. 放大电路实现电压放大的实质是晶体管的（　　）对（　　）控制作用实现的。

8. 放大电路中晶体管的集电极电阻 R_C 作用是将（　　）的变化转换成（　　）的变化。

9. 放大电路的静态工作点稍高点，其电压放大倍数较（　　）些，R_L 小些，电压放大倍数将（　　）。

10. 要减小放大电路对信号源的负载影响，希望放大电路的输入电阻（　　）；要提高放大电路的带负载能力，希望放大电路的输出电阻（　　）。

二、判断题

1. 放大电路的静态是指在交流输入信号作用下的工作状态。（　　）

2. 放大电路的失真与静态工作点有关。（　　）

3. 放大电路实现电压放大的实质是利用电阻 R_C 的电流转换作用。（　　）

4. 放大电路中耦合电容的容量越小越好。（　　）

5. 在阻容耦合放大电路中可将耦合电容换成电感线圈。（　　）

6. 为了提高电压放大倍数，静态工作点设置得越高越好。（　　）

7. 一般放大电路的失真不作定量测量时，可采用示波器来观察。（　　）

8. 当电路不能正常工作时，应首先检查直流电源是否正常，再认真检查电路是否有接错、掉线、断线、有没有接触不良、元器件损坏、元器件用错、元器件引脚接错。（　　）

三、选择题

1. NPN 型三极管构成的放大电路的静态工作点设置得过高会产生（　　）。

    A. 饱和失真　　　　　　　　B. 截止失真

    C. 使电路正常工作　　　　　D. 较高的电压输出

2. NPN 型三极管构成的放大电路饱和失真时输出波形会出现（　　）。

    A. 负半周将被削底　　　　　B. 正半周将被削顶

    C. 对称　　　　　　　　　　D. 对称性失真

3. 放大电路静态工作点的调整主要通过调节（　　）实现。

    A. 集电极电阻　　　　　　　B. 基极电阻

    C. 电源电压　　　　　　　　D. 集电极电压

4. 由于信号源都有一定的内阻，所以测量 U_i 时，必须在被测电路与信号源（　　）后进行测量。

    A. 断开　　　　　　　　　　B. 连接

    C. 断电　　　　　　　　　　D. 不加信号

四、简答题

1. 什么是放大电路的静态工作点？

2. 共射放大电路中的静态工作点高和低时，会对电路产生什么影响？

五、计算题

1. 如图 2-16 所示的单管放大电路中,已知三极管的 $\beta=50$。

(1)估算静态工作点 I_{CQ} 和 U_{CEQ};

(2)求三极管的输入电阻 r_{be} 值;

(3)求电压放大倍数 A_u;

(4)求放大电路的输入电阻 R_i 和输出电阻 R_O。

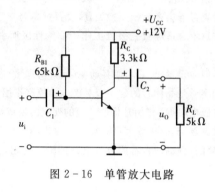

图 2-16 单管放大电路

任务 3 静态工作点稳定电路的装配与调试

任务引入

静态工作点在放大电路中是很重要的,它不仅关系到波形失真,而且对放大倍数也有重大影响,所以在设计或调试放大器时,为获得较好的性能,必须首先设置一个合适的静态工作点。在前面讨论的固定偏流电路中,其偏置电路由一个偏置电阻 R_B 构成,这种电路结构简单,调试方便,只要适当选择电路参数就可保证静态工作点处于合适的位置。但是,由于这种电路偏流是"固定"的($I_B \approx U_{CC}/R_B$),当更换管子或是环境温度变化引起管子参数变化时,电路的工作点往往会移动,甚至移到不合适的位置而使放大电路无法正常工作,因此,讨论静态工作点的影响因素及能够自动稳定静态工作点的电路很有必要。

相关知识

1. 静态工作点的影响因素

工作点不稳定的原因很多,例如电源电压的变化、电路参数变化、管子老化、温度变化等。其中温度变化的影响是主要因素,因为温度变化时影响管子内部载流子(电子和空穴)的运动,从而使反向饱和电流 I_{CBO}、发射结电压 U_{BE}、电流放大系数 β 都会发生变化。一般来说,随着温度的升高,三极管的反向饱和电流 I_{CBO} 将按指数规律上升,进而使穿透电流 I_{CEO} 乃至集电极电流 I_C 上升,尽管基极电流 I_B 不变,也将导致电路的静态工作点上移。由于硅管的温度稳定性比锗管要好,尤其在高温场合,硅管更获得广泛应用。当温度升高后,三极管的发射结电压 U_{BE} 将减小,换句话说,即对应于同样的 U_{BE},I_B 将上升。因此温度升高,也会使 I_C 增大。对锗管来说,U_{BE} 的数值很小,可不计它受温度的影响,而对硅管来说,电路由于温度变化对工作点的影响主要是由于U_{BE}变化引起的。三极管的电流放大系数β也会随温度的升高而增大。实验证明,β的温度系数分散性很大,即使是同一型号,β基本相同的管子,它们的β的温度系数也可能相差很远。根据实验结果,温度每升高$1^\circ C$,β要增加$0.5\%\sim1.0\%$左右。

综上所述,可得如下结论:

① I_{CBO}、β、U_{BE}随温度升高的结果,都集中表现在静态工作点电流I_C的增大。

② 硅管的I_{CBO}小,受温度的影响可以忽略,因此,U_{BE}和β的温度影响,对硅管是主要的,但对工作在较高温度下的大功率硅管,I_{CBO}的影响就不能忽略。

③ 锗管的I_{CEO}大,I_{CBO}的温度影响对锗管是主要的,特别在高温时,I_{CBO}成为锗管的严重问题。

2. 射极偏置电路

由上一节的分析可知,三极管的反向饱和电流I_{CBO}、发射结电压U_{BE}和电流放大系数β随温度变化对工作点的影响最终都表现在使静态工作点中集电极电流I_C增加。从这一现象出发,在温度变化时,如果能设法使I_C近似维持恒定,问题就可得到解决。而射极偏置电路可利用I_C的变化去牵制I_C,使I_C近似维持恒定。射极偏置电路如图2-17所示,它是交流放大器中最常用的一种基本电路。

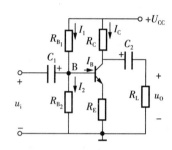

图2-17 静态工作点稳定电路

(1)电路的基本特点

① 利用R_{B1}和R_{B2}组成的分压器以固定基极电位。

在图2-17所示电路中,节点B的电流方程为:

$$I_1 = I_B + I_2 \tag{2-14}$$

因为

$$I_1 \gg I_B \tag{2-15}$$

所以

$$V_B = U_B \approx \frac{R_{B2}}{R_{B1} + R_{B2}} \times U_{CC} \tag{2-16}$$

上式表明基极电位几乎仅决定于R_{B1}与R_{B2}对U_{CC}的分压,而与环境温度无关,即当温度变化时U_B基本不变。

② 利用发射极电阻R_E,将电流I_E的变化转换为电压的变化($\Delta U_E = \Delta I_E R_E$),回送到输入回路,从而调节$I_B$和$I_C$,使$I_C$基本稳定。

当温度升高时,集电极电流I_C增大,发射极电流I_E必然相应增大,因而发射极电阻R_E上的电压U_E(即发射极的电位V_E)随之增大;因为V_B基本不变,而$U_{BE}=V_B-V_E$,所以U_{BE}减小,故基极电流I_B减小,I_C随之相应减小。可见,I_C随温度升高而增大的部分几乎被由于I_B

减小而减小的部分相抵消，I_C 将基本不变。U_{CE} 也基本不变。上述调节过程为：

$$T\ (\text{℃})\uparrow \to I_C \uparrow(I_E \uparrow) \to U_E \uparrow \to U_{BE} \downarrow \to I_B \downarrow$$

$$I_C \downarrow \longleftarrow$$

当温度降低时，各物理量向相反方向变化，I_C 和 U_{CE} 也将基本不变。

可以证明，射极偏置电路的静态工作点在温度变化时基本是稳定的，并且与三极管的参数 I_{CBO}、β、U_{BE} 几乎无关，不仅很少受温度影响，而且当换用不同的管子时，工作点也可近似不变，而只决定外电路参数，这对电子设备的批量生产是很有利的。

（2）静态工作点的估算

由于

$$U_{BQ} = \frac{R_{B2}}{R_{B1} + R_{B2}} \times U_{CC}$$

$$U_{BQ} \gg U_{BE}$$

则

$$I_{CQ} \approx I_{EQ} = \frac{U_{BQ} - U_{BE}}{R_E} \approx \frac{U_{BQ}}{R_E} = \frac{R_{B2}}{R_E(R_{B1} + R_{B2})}U_{CC} \qquad (2-17)$$

$$U_{CEQ} = U_{CC} - I_{CQ}R_C - I_{EQ}R_E \approx U_{CC} - I_{CQ}(R_C + R_E) \qquad (2-18)$$

$$I_{BQ} \approx \frac{I_{CQ}}{\beta} \qquad (2-19)$$

（3）动态参数的估算

① 电压放大倍数 A_u

对于图 2-17 所示的静态工作点稳定的共发射极放大电路，其电压放大倍数经过相关计算为

$$A_u = \frac{U_o}{U_i} = -\frac{\beta R_L'}{r_{be} + (1+\beta)R_E} \qquad (2-20)$$

由式（2-20）可知，由于 R_E 的接入，虽然带来了稳定工作点的好处，但却使电压放大倍数下降了，而且 R_E 越大，下降就越多。为了解决这个问题，通常在 R_E 上并联一个大电容 C_E（大约几十到几百微法），它对交流相当于短路，因此对交流电流而言可看成是发射极直接接地，所以 C_E 又称为射极旁路电容。它消除了 R_E 对交流分量的影响，使电压放大倍数不致下降。加了旁路电容后，电压放大倍数 A_u 就和式（2-8）完全相同了。

② 输入电阻 R_i

如不考虑 $R_B = R_{B1}//R_{B2}$ 对交流电流的分流作用，则输入电阻

$$R_i = r_{be} + (1+\beta)R_E \qquad (2-21)$$

如果考虑 R_B 的分流作用，则

$$R_i = R_i'//R_B \qquad (2-22)$$

式(2-22)说明,加入 R_E 后使输入电阻提高了,这是它有利的一面。

③ 输出电阻 R_o。

$$R_o \approx R_C \tag{2-23}$$

上式说明,加入 R_E 后输出电阻基本不变。

任务实施

1. 实训电路

射极偏置放大电路实训电路如图 2-18 所示。

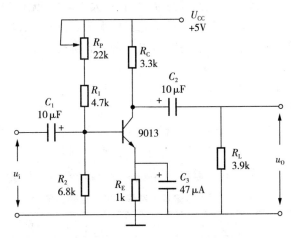

图 2-18　射极偏置放大电路

2. 器件、器材

表 2-5　射极偏置放大电路元器件(材)明细表

序号	名称	元件标号	型号规格	数量
1	微调电位器	R_P	22kΩ	1
2	金属膜电阻器	R_1	4.7kΩ,1/4W	1
3	金属膜电阻器	R_2	6.8kΩ,1/4W	1
4	金属膜电阻器	R_C	3.3kΩ,1/4W	1
5	金属膜电阻器	R_E	1kΩ,1/4W	1
6	金属膜电阻器	R_L	3.9kΩ,1/4W	1
7	电解电容	C_1、C_2	10μF/16V	2
8	晶体管	T	9013	1
9	印制电路板(或万能板)	—	配套印制电路板或单孔板	1

3. 装配要求

要求根据该电路原理图装配电路,装配工艺要求为:

(1)电阻均采用水平安装,要求贴紧电路板,电阻的色环方向应一致。

(2)电解电容器采用垂直安装,电容器底部应贴近电路板,并注意正、负极应正确。

(3)晶体管采用垂直安装,底部离开电路板 5mm,并注意引脚应正确。

(4)布线正确、合理,焊点合格,无漏焊、虚焊、短路现象。

4. 电路组装

元器件布局完成后,按原理图完成元器件焊接与线路连接,并自检焊接时有无短路与虚焊,以及错误连接情况。焊接时应做到焊点光滑圆亮,大小均匀,无虚焊和漏焊;连接导线颜色要规范(请查相关资料)。焊接完成后,保留元器件引脚长度 1~1.5mm,然后剪去多余长度。剪切时不得让引脚承受过大的机械拉力,以免造成焊点松动。

5. 功能检测与调试

电路组装完成后,按以下步骤完成电路功能检测与调试。

(1)静态工作点调整

在射极偏置放大电路的输入端加入频率 $f=1\text{kHz}$ 的正弦信号 u_i;用示波器监测负载电阻两固定端的波形;反复调整 R_P 及信号源的输出幅度,使示波器显示的波形正负峰刚好开始出现失真时为止;将电路输入端对地短路(使 $u_i=0$),完成表 2-6 数据的测量。

表 2-6 射极偏置电路静态工作点的测量

$U_E(\text{V})$	$U_C(\text{V})$	$I_E(\text{mA})$	$I_C(\text{mA})$	$U_{CE}(\text{V})$

(2)电压放大倍数的测量

用信号发生器在射极偏置放大电路输入端加入频率 $f=1\text{kHz}$ 的正弦信号,用示波器监测射极偏置电路输出端的波形,调节信号发生器输出信号的大小,用示波器观测输入信号 u_i 和输出信号 u_o 的波形,在输出波形不失真的前提下,分别读出其峰-峰值 u_{ip-p}、u_{op-p},并记录于表 2-7 中。

表 2-7 射极偏置电路电压放大倍数与波形测量

测量项目	$u_{ip-p}(\text{V})$	$u_{op-p}(\text{V})$	A_u
电压			
波形			

(3)静态工作点对输出波形失真的影响

将输入端短路,使输入信号 $u_i=0$。调节 R_P,使 $I_C=1.0\text{mA}$,测出 U_{CE}。再让输入端恢复,逐渐加大输入 u_i,使输出电压 u_o 足够大但不失真。然后,保持输入信号不变,分别增大和减小 R_P,使输出波形失真,绘出 u_o 的波形。再次使 $u_i=0$,测出失真情况下的 I_C 和 U_{CE},并记录于表 2-8 中。

表 2-8 静态工作点对输出波形的影响

项目	I_C(mA)	U_{CE}(V)	u_o 的波形	u_o 波形 失真说明	静态工作点位置对 输出波形失真的影响
R_P	1.0				
R_P增大					
R_P减小					

习 题

一、填空题

1. 环境温度升高,将导致三极管集电极电流( )。

2. 射极偏置电路具有( )静态工作点的能力。

3. 射极偏置电路静态工作点的稳定主要是依靠( )的变化来抵消( )和( )的变化。

3. 射极偏置电路的射极电阻 R_E 如不并联射极旁路电容 C_E 其电压放大倍数将( )。

4. 没有射极旁路电容 C_E 的射极偏置电路其输入电阻将( )。

5. 射极偏置电路较基本共射放大电路的输出电阻将( )。

6. 射极偏置电路的输入电压与输出电压的相位( )。

7. 射极偏置电路中如果不接射极电阻 R_E,电路( )稳定静态工作点的能力,电压放大倍数( )。

二、计算题

1. 如图 2-19 所示的单管放大电路中,已知三极管的 $\beta=50$。

(1)估算静态工作点 I_{CQ} 和 U_{CEQ};

(2)求三极管的输入电阻 r_{be} 值;

(3)求电压放大倍数;

(4)求输入电阻 R_i 和输出电阻 R_o。

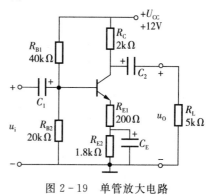

图 2-19 单管放大电路

任务4 共集电极放大电路的装配与调试

任务引入

共集基本放大电路是另一种基本放大电路,这种放大电路把输入信号接在基极与公共端"地"之间,又从发射极与"地"之间输出信号,所以也称为射极输出器。本任务主要介绍晶体管共集电极基本放大电路的组成、工作原理、主要特性等,并通过装配与调试一个共集电极放大电路,进一步掌握电路静态工作点的调整方法、电压放大倍数的测量和静态工作点对输出波形失真的影响。

相关知识

共集基本放大电路如图 2-20 所示,因输入信号与输出信号共用集电极,故称为共集电极放大电路。

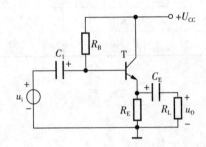

图 2-20 共集基本放大电路

1. 电路的分析计算
(1)静态分析
静态工作点求解如下:

$$I_{BQ} = \frac{U_{CC} - U_{BEQ}}{R_B + (1+\beta)R_E} \approx \frac{U_{CC}}{R_B + (1+\beta)R_E} \qquad (2-24)$$

$$I_{CQ} = \beta I_{BQ} \approx I_{EQ} \qquad (2-25)$$

$$U_{CEQ} = U_{CC} - I_{EQ}R_E \approx U_{CC} - I_{CQ}R_E \qquad (2-26)$$

(2)动态分析
① 电压放大倍数

$$u_o = u_i - u_{BE} \approx u_i \qquad (u_i \gg u_{be})$$

因此,电压放大倍数为

$$A_u = \frac{u_o}{u_i} = \frac{u_o}{u_i} \leqslant 1 \qquad (2-27)$$

可见,共集放大电路没有电压放大作用。由于 $u_o \approx u_i$,而且输出电压与输入电压大小相同,相位也相同,输出跟随输入变化,故又称共集放大电路为射极输出器或电压跟随器。

② 电流放大倍数
由电路可得

$$i_i = i_b$$

$$i_o = i_e$$

因此,电流放大倍数为

$$A_i = \frac{i_o}{i_i} = \frac{i_e}{i_b} = 1 + \beta \qquad (2-28)$$

由此可见,共集放大电路有较强的电流放大作用。

③ 输入电阻

$$R_i = \frac{u_i}{i_b} = \frac{r_{be} i_b + (R_E // R_L)(1+\beta) i_b}{i_b}$$

$$= r_{be} + (R_E // R_L)(1+\beta)$$

$$R_i = R_B // R_i$$

$$= R_B // [r_{be} + (1+\beta) R_E // R_L] \tag{2-29}$$

由此可见,共集放大电路输入电阻比共射放大电路输入电阻大得多。

④ 输出电阻

$$R_o \approx \frac{r_{be}}{1+\beta} \tag{2-30}$$

可见,共集放大电路输出电阻 R_o 比共射放大电路输出电阻小得多。利用它的输入电阻大和输出电阻小的特性,可以实现电路的前后隔离,提高电路的负载能力。

2. 共集电极放大电路的特点

(1)电压放大倍数小于 1,近似等于 1,输出电压与输入电压同相位,即电压跟随。

(2)输入电阻高。

(3)输出电阻低。

3. 共集电极放大电路的应用

共集电极放大电路,具有较高的输入电阻和较低的输出电阻,根据这一特点,射极输出器常用做多级放大器的第一级或最末级,也可用于中间隔离级。用做输入级时,其高输入电阻可以减轻信号源的负担,提高放大器的输入电压。用做输出级时,其低输出电阻可以减小负载变化对输出电压的影响,并易于与低阻负载相匹配,向负载传送尽可能大的功率。因此,射极输出器的应用十分广泛。

任务实施

1. 实训电路

共集电极放大电路如图 2-21 所示。

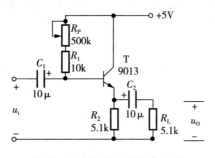

图 2-21　共集电极放大电路

2. 器件、器材

表 2-9 共集电极放大电路元器件(材)明细表

序号	名称	元件标号	型号规格	数量
1	金属膜电阻器	R_1	10kΩ,1/4W	1
2	金属膜电阻器	R_2、R_3	5.1kΩ,1/4W	2
3	微调电位器	R_P	WS-500kΩ	1
4	电解电容	C_1,C_2	10μF/25V	2
5	三极管	T	9013	1
6	印制电路板(或万能板)		配套印制电路板或单孔板	1

3. 装配要求

要求根据该电路原理图装配电路,装配工艺要求为:

(1)电阻均采用水平安装,要求贴紧电路板,电阻的色环方向应一致。

(2)电解电容器采用垂直安装,电容器底部应贴近电路板,并注意正、负极应正确。

(3)晶体管采用垂直安装,底部离开电路板 5mm,并注意引脚应正确。

(4)布线正确、合理,焊点合格,无漏焊、虚焊、短路现象。

4. 电路组装

元器件布局完成后,按原理图完成元器件焊接与线路连接,并自检焊接时有无短路与虚焊,以及错误连接情况。焊接时应做到焊点光滑圆亮,大小均匀,无虚焊和漏焊;连接导线颜色要规范(请查相关资料)。焊接完成后,保留元器件引脚长度 1~1.5mm,然后剪去多余长度。剪切时不得让引脚承受过大的机械拉力,以免造成焊点松动。

5. 功能检测与调试

电路组装完成后,按以下步骤完成电路功能检测与调试。

(1)静态工作点调整

在射随器输入端加入频率 $f=1$kHz 的正弦信号 u_i;用示波器监测负载电阻两固定端的波形;反复调整 R_P 及信号源的输出幅度,使示波器显示的波形正负峰刚好开始出现失真时为止;将电路输入端对地短路(使 $u_i=0$),完成表 2-10 数据的测量。

表 2-10 射极输出器静态工作点的测量

U_E(V)	U_C(V)	I_E(mA)	I_C(mA)	U_{CE}(V)

(2)电压放大倍数的测量

用信号发生器在射随器输入端加入频率 $f=1$kHz 的正弦信号,用示波器监测射随器输出端的波形,调节信号发生器输出信号的大小,用示波器同时观测输入信号 u_i 和输出信号 u_o 的波形,在输出波形不失真的前提下,观察输入信号 u_i 和输出信号 u_o 的相位关系;分别读出其峰—峰值 u_{ip-p}、u_{op-p},并记录于表 2-11 中。

表 2－11　射极输出器电压放大倍数与波形测量

测量项目	$u_{\text{ip}-\text{p}}(V)$	$u_{\text{op}-\text{p}}(V)$	A_u
电压			
波形			

(3)静态工作点对输出波形失真的影响

将输入端短路,使输入信号 $u_i＝0$。调节 R_P,使 $I_C＝0.5\text{mA}$(可通过测量 R_E 两端的电压,使其为 2.55V),测出 U_{CE}。再让输入端恢复,逐渐加大输入 u_i,使输出电压 u_o 足够大,但不失真。然后,保持输入信号不变,分别增大和减小 R_P,使输出波形失真,绘出 u_o 的波形。再次使 $u_i＝0$,测出失真情况下的 I_C 和 U_{CE},并记录于表 2－12 中。

表 2－12　静态工作点对输出波形的影响

项目	$I_C(\text{mA})$	$U_{CE}(V)$	u_o 的波形	u_o 波形失真说明	静态工作点位置对输出波形失真的影响
R_P	0.5				
R_P 增大					
R_P 减小					

6. 检查评议

评分标准见表 2－13 所列。

表 2－13　评分标准

序号	项目内容	评分标准	分值	扣分	得分
1	元器件安装	1. 元器件不按规定方式安装,扣 10 分 2. 元器件极性安装错误,扣 10 分 3. 布线不合理,扣 10 分	30		
2	焊接	1. 焊点有一处不合格,扣 2 分 2. 剪脚留头长度有一处不及格,扣 2 分	20		
3	测试	1. 关键点电位不正常,扣 10 分 2. 波形测试失真严重,扣 10 分 3. 仪器仪表使用错误,扣 10 分	30		
4	安全文明操作	1. 不爱护仪器设备,扣 10 分 2. 不注意安全,扣 10 分	20		
5	合计		100		
6	时间	90min			

7. 注意事项

调试时若输出波形失真严重,就要检查排除故障。检查故障时,首先检查接线是否正确,在接线正确的前提下,主要检查射极输出器静态工作点是否正常,检查时,可利用万用表检查三极管的工作状态,如三极管处于非放大状态,可根据电路的失真类型对三极管的工作状态进行调整,直至排除故障为止。

习　题

一、填空题

1. 射极输出器具有输入电阻(　　),输出电阻(　　)的特点。

2. 射极输出器的电压放大倍数为(　　),电流放大倍数为(　　)。

3. 射极输出器常用在多级放大电路的输入级,可(　　)信号源的负载。

4. 射极输出器常用在多级放大电路的中间级,可起(　　)作用。

5. 射极输出器常用在多级放大电路的输出级,以(　　)电路带负载能力。

6. 射极输出器的特性归纳为:电压放大倍数(　　),电压跟随性好,输入阻抗(　　),输出阻抗(　　),而且具有一定的(　　)放大能力和功率放大能力。

二、判断题

1. 射极输出器常用在多级放大电路的输出级,以提高带负载能力。(　　)

2. 射极输出器常用在多级放大电路的中间级,起隔离作用。(　　)

3. 射极输出器即有电压放大作用,又有电流放大作用。(　　)

4. 射极输出器是共集电极电路,其电压放大倍数小于1,输入电阻小,输出电阻大。(　　)

5. 共发射极电路也就是射极输出器,它具有很高的输入阻抗和很低的输出阻抗。(　　)

三、选择题

1. 射极输出器具有(　　)作用。

    A. 提高输出电阻　　　　　　　　B. 降低输入电阻

    C. 提高电压放大倍数　　　　　　D. 稳定输出电压

2. 射极输出器具有(　　)的特点。

    A. 输出电阻大　　　　　　　　　B. 输入电阻小

    C. 具有电压放大作用　　　　　　D. 具有电流放大作用

3. NPN 型三极管构成的射极输出器静态工作点设置得过高,会产生(　　)失真。

    A. 饱和失真　　　　　　　　　　B. 截止失真

    C. 使电路正常工作　　　　　　　D. 较高的电压输出

4. 射极输出器的电流放大倍数为(　　)。

    A. β　　　　　　B. 1　　　　　　C. $\leqslant 1$　　　　　　D. $1+\beta$

5. 射极输出器的电压放大倍数为(　　)。

    A. β　　　　　　B. 1　　　　　　C. $\leqslant 1$　　　　　　D. $1+\beta$

任务 5　多级放大电路的装配与调试

前面介绍的放大电路都是单级放大电路,在实际应用中如果单级放大器因某技术指标(比如电压放大倍数)不能满足要求时,可用多个单级放大电路级联来实现。

1. 多级放大器的组成

多级放大器由输入级、中间级和输出级组成,如图 2-22 所示。

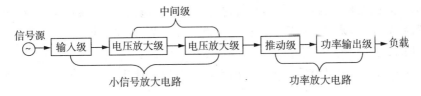

图 2-22　多级放大器的组成

　　输入级的作用:为多级信号放大器电路的第一级,要求输入电阻高,它的任务是从信号源获取更高的信号电压。

　　中间级的作用:多由共射放大电路组成,其作用是完成对信号电压的放大,使整个放大器的电压放大倍数达到要求。

　　输出级的作用:要求输出电阻很小,负载能力强,完成对负载的驱动。多由共集电极放大电路或功放电路实现。

　　2. 多级放大器的级间耦合方式

　　所谓耦合方式是指两个单级放大器之间的连接方式。常见的耦合方式有阻容耦合方式、直接耦合方式和变压器耦合方式。

　　(1)阻容耦合方式

　　如图 2-23 所示,如果前后两个放大器之间是通过电容连接起来的,则为阻容耦合。

　　电容耦合方式的优点是放大器体积小,重量轻,各级的静态工作点互不相关,各自独立,调试方便;其缺点是不适合传递缓慢变化的信号,因为此时容抗很大,信号在耦合电容上衰减很大,向后传输量很小。

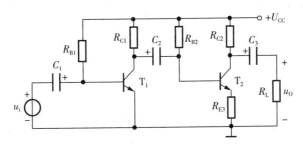

图 2-23　多级放大器间的阻容耦合方式

　　(2)直接耦合方式

　　如图 2-24 所示,如果前后两个放大器之间是通过导线直接连接起来的,则为直接耦合。

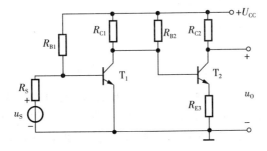

图 2-24　多级放大器间的直接耦合方式

直接耦合的优点是不仅可以传递交流还可以传递直流信号,能实现交直流信号的放大,便于放大器的集成;其缺点是前后级之间工作点相互影响,调试不便。

(3)变压器耦合方式

如图 2-25 所示,如果前后放大器之间是通过变压器连接起来传输信号的,则为变压器耦合。

变压器耦合方式的优点是能实现阻抗、电压和电流的变换,前后直流互不影响,便于 Q 点的调试;其缺点是体积大,重量重,价格高,不能传递直流和缓慢变化的信号。

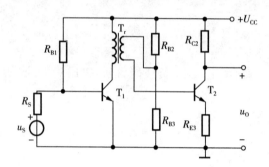

图 2-25 多级放大器间的变压器耦合方式

3. 多级放大电路的分析

(1)放大器的输入电阻和输出电阻

在计算多级放大器的输入电阻时,输入级(第一级)的输入电阻就是整个多级放大器的输入电阻,即:$R_i = R_{i1}$。不过在有些情况下还必须考虑级间影响,例如输入级是射极输出器,这时的输入电阻还与下一级的输入电阻有关。

在计算多级放大器的输出电阻时,输出级(末级)的输出电阻,就是整个多级放大器的输出电阻,即:$R_o = R_{o末级}$。同样在计算时要考虑级间影响,因为前一级的输出电阻就是下一级的信号源内阻。

(2)放大倍数及其表示方法

当多级放大器为 n 级时,则总电压放大倍数为各级放大器电压放大倍数之积。即:

$$A_u = A_{u1} A_{u2} \cdots A_{un} \tag{2-31}$$

注意:多级放大器的计算是在单级放大器计算的基础上进行的,在计算各个单级的电压放大倍数时,必须注意下级放大器的输入电阻为前级电路的负载。

任务实施

1. 实训电路

多级放大电路如图 2-26 所示。该电路由两级放大电路组成,第一级为共集电极放大电路(射极输出器),利用其输入电阻高的特点减轻它对信号源的影响;第二级为分压式偏置共射极放大电路,能自动稳定静态工作点,其功能是完成电压放大。R_{P1} 和 R_{P3} 分别用来调节 T_1 和 T_2 的静态工作点。通过调节电位器 R_{P2} 的大小,实现音量调节。

电路的工作过程是,输入信号经第一级射随器隔离,由电位器 R_{P2} 调节大小后,送往第二

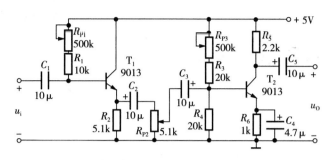

图 2-26 多级放大电路原理图

级共射电路放大,放大后送往后面的电路。

2. 器件、器材

实训需要设备包括 5V 直流电源、函数信号发生器、示波器、交流毫伏表、万用表和电烙铁等,所需器材见表 2-14 所列。

表 2-14 多级放大电路元器件(材)明细表

序号	名称	元件标号	型号规格	数量
1	金属膜电阻器	R_1	$10k\Omega, 1/4W$	1
2	金属膜电阻器	R_2	$5.1k\Omega, 1/4W$	1
3	金属膜电阻器	R_3、R_4	$20k\Omega, 1/4W$	2
4	金属膜电阻器	R_5	$2.2k\Omega, 1/4W$	1
5	金属膜电阻器	R_6	$1k\Omega, 1/4W$	1
6	微调电位器	R_{P1},R_{P3}	$WS-500k\Omega$	2
7	微调电位器	R_{P2}	$WS-5.1k\Omega$	1
8	电解电容	C_1、C_2、C_3、C_5	$10\mu F/25V$	4
9	电解电容	C_4	$4.7\mu F/25V$	1
10	三极管	T_1、T_2	9013	2
11	印制电路板(或万能板)	—	配套印制电路板或单孔板	1

3. 电路组装

(1)元器件布局

在印制电路板或单孔板上完成元器件布局。根据元器件布局的原则,应使元器件布局均匀,结构紧凑,重量分布均衡,排列有序;信号放大电路最好按原理图进行元器件布局;为了便于调节,电位器应置于 PCB 边缘,并做到顺时针调节输出增大,逆时针调节输出减小;色环电阻元件水平安装时第一环在最左边,垂直安装时第一环在最下面;元器件引脚成形合理。元器件本体距电路板的高度要合理,一致性要高。

(2)线路连接与焊接

元器件布局完成后,按原理图完成元器件焊接与线路连接,并自检焊接时有无短路与虚焊,以及错误连接情况。焊接时应做到焊点光滑圆亮,大小均匀,无虚焊和漏焊;连接导线颜色要规范(请查相关资料)。焊接完成后,保留元器件引脚长度 $1\sim1.5mm$,然后剪去多余长度。剪切时不得让引脚承受过大的机械拉力,以免造成焊点松动。

1. 功能检测与调试

电路组装完成后,按以下步骤完成电路功能检测与调试。

(1)静态工作点调整

① 分压式偏置放大电路静态工作点的调整

将 R_{P3} 调至最大;把 C_3 的负极(即 R_{P2} 动端)对地短路;接通 $+5V$ 直流电源;用万用表监测 T_2 发射极的电位;调节 R_{P3},使 $U_{E2}=1V$(此时 T_2 的 $I_{E2}=1mA$),并完成表 2-15 数据的测量。

表 2-15　分压式偏置电路静态工作点的测量

$U_{E2}(V)$	$U_{C2}(V)$	$I_{B2}(\mu A)$	$I_{C2}(mA)$	计算 $U_{CE2}=U_{C2}-U_{E2}(V)$

② 射随器静态工作点的调整

在射随器输入端加入频率 $f=1kHz$ 的正弦信号 u_i;用示波器监测电位器 R_{P2} 两固定端的波形;反复调整 R_{P1} 及信号源的输出幅度,使示波器显示的波形正负峰刚好开始出现失真时为止;将电路输入端对地短路(使 $u_i=0$),完成表 2-16 数据的测量。

表 2-16　射极输出器静态工作点的测量

$U_{E1}(V)$	$U_{C1}(V)$	$I_{B1}(\mu A)$	$I_{C1}(mA)$	计算 $U_{CE1}=U_{C1}-U_{E1}(V)$

(2)电压放大倍数的测量

保持 R_{P1} 和 R_{P3} 阻值不变(即静态工作点不变),完成单级和整个多级放大电路电压放大倍数的测量,并记录各级输出波形。

① 射随器电压放大倍数的测量

断开 C_3 的负极,用信号发生器在射随器输入端加入频率 $f=1kHz$ 的正弦信号 u_{i1},用示波器监测射随器输出端(即 R_{P2} 两固定端)u_{o1} 的波形,调节信号发生器输出信号的大小,即 u_{i1} 的幅度,在输出波形不失真的前提下,用毫伏表分别测量输入信号 u_{i1} 和输出信号 u_{o1} 的大小,用示波器观测输入信号 u_{i1} 和输出信号 u_{o1} 的波形,并记录于表 2-17 中。

表 2-17　射极输出器电压放大倍数与波形测量

测量项目	$U_{i1}(V)$	$U_{o1}(V)$	A_{u1}
电压			
波形			

② 分压式偏置放大电路电压放大倍数的测量

断开 C_3 的负极,在分压式偏置放大电路输入端加入频率 $f=1\text{kHz}$ 的正弦信号 u_{i2},调节信号发生器输出信号的大小,在波形不失真的前提下,用毫伏表分别测量输入信号 u_{i2} 和输出信号 u_{o2} 的大小,用示波器观测输入信号 u_{i2} 和输出信号 u_{o2} 的波形,并记录于表 2-18 中。

表 2-18　分压式偏置放大电路电压放大倍数与波形测量

测量项目	$U_{i2}(\text{V})$	$U_{o2}(\text{V})$	A_{u2}
电压			
波形			

③ 多级放大电路电压放大倍数的测量

恢复 C_3 的连接,在多级放大电路输入端加入频率 $f=1\text{kHz}$ 的正弦信号 u_i,用示波器监测多级放大器输出端 u_o 的波形,调节信号发生器输出信号的大小,即 u_i 的幅度,在输出波形不失真的前提下,用毫伏表分别测量输入信号 u_i 和输出信号 u_o 的大小,用示波器观测输入信号 u_i 和输出信号 u_o 的波形,并记录于表 2-19 中。

表 2-19　多级放大电路电压放大倍数与波形测量

测量项目	$U_i(\text{V})$	$U_o(\text{V})$	A_u	$A_u=A_{u1}\times A_{u2}$
电压				
波形				

(3)静态工作点对输出波形失真的影响(分压式偏置放大电路)

将输入端短路,使输入信号 $u_i=0$。调节 R_{P3},使 $I_{C2}=1\text{mA}$(可通过测量 R_6 两端的电压,使其为 1V),测出 U_{CE2}。再让输入端恢复,在输入端加入频率 $f=1\text{kHz}$ 的正弦信号 u_i,并逐渐加大输入 u_i,使输出电压 u_o 足够大,但不失真。然后,保持输入信号不变,分别增大和减小 R_{P3},使输出波形失真,绘出 u_o 的波形。再次使 $u_i=0$,测出失真情况下的 I_{C2} 和 U_{CE2},并记录于表 2-20 中。

表 2-20　静态工作点对输出波形的影响

项目	$I_{C2}(\text{mA})$	$U_{CE2}(\text{V})$	u_o 的波形	u_o 波形失真说明	静态工作点位置对输出波形失真的影响
R_{P3}	1				
R_{P3} 增大					
R_{P3} 减小					

习 题

一、填空题

1. 多级放大电路常用的级间耦合方式有（　　）、（　　）和（　　）三种方式。

2. 多级放大电路一般由（　　）级、（　　）级和（　　）级组成。

3. 某放大器由两级组成，第一级的电压放大倍数为 40，第二级的电压放大倍数为 50，则该放大器总电压放大倍数为（　　）。

4. 多级放大电路多以（　　）做中间级，用来增大整个电路的放大倍数。

5. 阻容耦合多级放大器的优点是各级的静态工作点（　　），调试方便；其缺点是不适合传递（　　）信号。

6. 直接耦合多级放大器的优点是不仅可以传递交流还可以传递（　　）信号；其缺点是前后级之间工作点（　　），调试不便。

7. 变压器耦合多级放大器的优点是能实现（　　）的变换，前后直流互不影响；其缺点是不适合传递（　　）信号。

8. 多级放大电路的电压放大倍数等于组成它的各级电路电压放大倍数之（　　）。

9. 多级放大电路中的后级电路的输入电阻是其前级电路的（　　），前级电路的输出电阻是其后级电路的（　　）。

二、判断题

1. 直接耦合放大电路只能放大直流信号。（　　）

2. 阻容耦合放大电路只能放大交流信号。（　　）

3. 变压器耦合放大电路即能放大直流信号，又能放大交流信号。（　　）

4. 多级放大电路各级的电压放大倍数只决定于本级的电路参数。（　　）

5. 共射极放大电路在多级放大电路中往往作为输入级。（　　）

6. 要求输入电阻大于 10MΩ，电压放大倍数大于 300，第一级应采用射极输出器。（　　）

7. 射极输出器可以用作多级放大电路的输出级。（　　）

三、选择题

1. 直接耦合放大电路的特点是（　　）。

    A. 各级放大器静态工作点相互独立　　　　B. 各级放大器静态工作点相互影响

    C. 只能放大直流信号　　　　　　　　　　D. 只能放大交流信号

2. 多级放大电路各级的电压放大倍数（　　）。

    A. 与本级电路参数无关　　　　　　　　　B. 与前级电路参数无关

    C. 与后级电路参数无关　　　　　　　　　D. 与后级电路参数有关

3. 阻容耦合多级放大电路静态工作点（　　）。

    A. 相互独立　　　　　　　　　　　　　　B. 相互影响

    C. 调整困难　　　　　　　　　　　　　　D. 不用调整

4. 在多级放大电路的级间耦合中，低频放大电路主要采用（　　）耦合方式。

    A. 阻容　　　　　　B. 直接　　　　　　C. 变压器　　　　　　D. 电感

5. 变压器耦合多级放大电路静态工作点（　　）。

    A. 相互独立　　　　　　　　　　　　　　B. 相互影响

    C. 调整困难　　　　　　　　　　　　　　D. 不用调整

任务6　负反馈放大电路的装配与调试

任务引入

电子电路中的反馈是将输出量(输出电压或输出电流)的一部分或者全部通过一定的电路形式引入到输入回路,用来影响其输入量(放大电路的输入电压或者输入电流)的措施称为反馈。根据反馈信号作用的结果,反馈类型有正反馈和负反馈之分。本任务主要是介绍反馈的基本概念、反馈的判断和负反馈放大电路的分析方法。

相关知识

反馈放大电路的框图如图 2-27 所示。反馈放大电路由基本放大电路 A 与反馈网络 F 组成。在基本放大电路中,信号 X_i 从输入端向输出端正向传输;在反馈网络中,反馈信号 X_f 由输出端反送到输入端,并在输入端与输入信号比较 X_i(叠加),产生放大电路的净输入信号 X_i'。X 表示电压或电流信号,X_o 表示输出信号。引入反馈的放大电路称为反馈放大电路,也叫闭环放大电路,而未引入反馈的放大电路,称为开环放大电路。

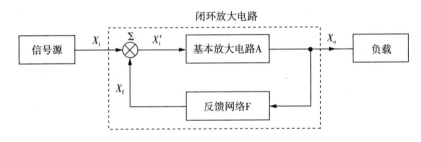

图 2-27　反馈放大电路框图

1. 正反馈和负反馈

根据反馈的作用效果,可将反馈分为正反馈和负反馈。如果反馈信号 X_f 增强了原输入信号,其与 X_i 比较后使净输入量 X_i'增加,这种反馈称为正反馈;相反,如果反馈信号 X_f 削弱了原输入信号,其与输入信号 X_i 比较后使净输入量 X_i'减小,则这种反馈称为负反馈。即:

$$X_i' = X_i + X_f \quad 正反馈$$

$$X_i' = X_i - X_f \quad 负反馈$$

正反馈虽然能增大净输入信号,使电路的放大倍数增加,但会使放大器工作不稳定,容易产生自激。负反馈虽然使净输入信号减小,使电路的放大倍数降低,但能有效地改善放大器的性能指标,使放大器工作稳定、可靠。因此,放大电路中主要应用的是负反馈,而正反馈主要用于振荡电路中。

2. 负反馈放大电路的放大倍数

由图 2-27 反馈放大电路框图可得基本放大电路的放大倍数

$$A = \frac{X_o}{X_i'} \qquad (2-32)$$

反馈电路的反馈系数

$$F = \frac{X_f}{X_o} \qquad (2-33)$$

对于负反馈,基本放大电路的净输入信号

$$X_i' = X_i - X_f \qquad (2-34)$$

则负反馈放大电路的放大倍数

$$A_f = \frac{X_o}{X_i} = \frac{X_o}{(F + \frac{1}{A})X_o} = \frac{A}{1+AF} \qquad (2-35)$$

3. 直流反馈和交流反馈

如果反馈量只含有直流量,则称为直流反馈;如果反馈量只含有交流量,则称为交流反馈。在很多放大电路中,常常是交、直流反馈兼而有之,因而电路中既引入了直流反馈又引入了交流反馈。直流负反馈主要用于稳定放大电路的静态工作点;交流负反馈常用于改善放大电路的动态性能。

4. 反馈的判断

正确判断反馈的性质是研究反馈放大电路的基础。

瞬时极性法是判断电路中反馈极性的基本方法。具体做法是:规定电路输入信号在某一时刻对地的极性,并以此为依据,逐级判断电路中各相关点的电流的流向和电位的极性,从而得到输出信号的极性,根据输出信号的极性判断出反馈信号的极性;若反馈信号使基本放大电路的净输入信号增大,则说明引入了正反馈;若反馈信号使基本放大电路的净输入信号减小,则说明引入了负反馈。

图 2-28 中反馈元件 R_f 接在输出端(集电极)与输入端(基极)之间,该电路存在反馈。设输入信号 u_i 对地瞬时极性为(+),因 u_i 加在晶体管的基极,所以集电极输出信号 u_o 瞬时极性为(−),经 R_f 得到的反馈信号与输出信号瞬时极性相同,也为(−)。反馈信号与原输入信号同加在输入端,根据基尔霍夫电流定律可得净输入电流信号 $i_b = i_i - i_f$,可见反馈信号的加入使得净输入减小,说明是负反馈。

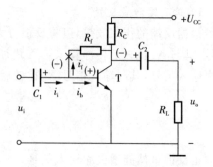

图 2-28 瞬时极性法判断反馈类型

5. 负反馈放大电路的四种组态

根据反馈信号的取样对象不同,负反馈又分为电压反馈和电流反馈。反馈量若取自输出电压,则称为电压反馈;若取自输出电流,则称为电流反馈。具体判断方法有两种:①短路法。将负反馈放大电路的负载电阻 R_L 短路(或者是令输出电压 u_o 为零),若反馈信号消失,则为电压反馈;若反馈信号仍然存在,则为电流反馈。②除公共地线外,若反馈线与输出线接在同一点上,则为电压反馈;若反馈线与输出线接在不同点上,则为电流反馈。

根据反馈网络与基本放大电路在输入端的连接方式不同,负反馈分为串联负反馈和并联负反馈。反馈量与输入量若以电压方式相叠加,则称为串联反馈;若以电流方式相叠加,则称为并联反馈。具体判断方法也有两种:①将输入回路的反馈节点对地短路,若输入信号仍能送到开环放大电路中去,则为串联反馈;否则为并联反馈。②当反馈信号与输入信号在输入端同一节点引入时,为并联反馈;若反馈信号与输入信号不在输入端同一节点引入时,则为串联反馈。

考虑到反馈信号在输出端的取样方式以及在输入回路连接方式的不同组合,负反馈可以分为以下四种组态,即电压串联负反馈、电压并联负反馈、电流串联负反馈、电流并联负反馈,其组成方框图如图 2-29a)、b)、c)、d)所示。

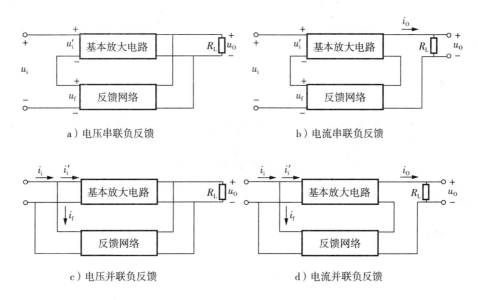

图 2-29　负反馈的四种组态

6. 负反馈对放大电路性能的影响

负反馈对放大电路性能的影响主要有:

(1)提高放大倍数的稳定性。

(2)减小放大电路的非线性失真。

(3)扩展放大电路的通频带。

(4)改变输入、输出电阻。

7. 负反馈放大电路的分析方法

分析负反馈放大电路应按照以下方法进行:

(1)判断放大电路中有无反馈,主要是看放大电路中有无连接输入—输出间的支路,如有则存在反馈,否则没有反馈。

(2)利用瞬时极性法判断电路中反馈极性。

(3)分析反馈信号的取样对象,判断负反馈是电压反馈还是电流反馈。

（4）分析反馈网络与基本放大电路在输入端的连接方式，判断负反馈是串联负反馈还是并联负反馈。

图2-30中存在反馈。可利用瞬时极性法标出各点电位变化情况。令输出电压 $U_o=0$，反馈信号不存在，故为电压反馈。将反馈接点接地，输入信号 U_i 仍然能够送到开环放大电路中。故为串联反馈。该电路引入了电压串联负反馈。

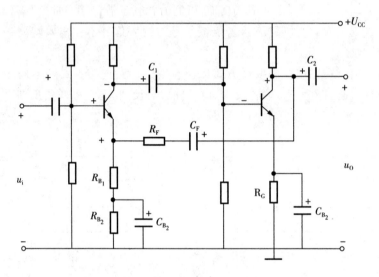

图2-30 负反馈的放大电路

任务实施

1. **实训电路**

电压串联负反馈放大电路实训电路如图2-31所示。

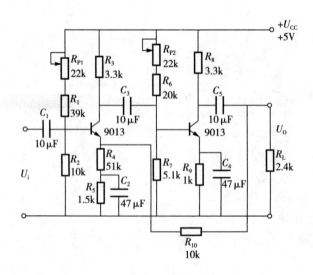

图2-31 电压串联负反馈放大电路

2. 器件、器材

表 2-21 共发射极放大电路元器件(材)明细表

序号	名称	元件标号	型号规格	数量
1	金属膜电阻器	R_1	$39\text{k}\Omega$,$1/4\text{W}$	1
2	金属膜电阻器	R_2、R_{10}	$10\text{k}\Omega$,$1/4\text{W}$	2
3	金属膜电阻器	R_3、R_8	$3.3\text{k}\Omega$,$1/4\text{W}$	2
4	金属膜电阻器	R_4	51Ω,$1/4\text{W}$	1
5	金属膜电阻器	R_5	$1.5\text{k}\Omega$,$1/4\text{W}$	1
6	金属膜电阻器	R_6	$20\text{k}\Omega$,$1/4\text{W}$	1
7	金属膜电阻器	R_7	$5.1\text{k}\Omega$,$1/4\text{W}$	1
8	金属膜电阻器	R_9	$1\text{k}\Omega$,$1/4\text{W}$	1
9	金属膜电阻器	R_L	$2.4\text{k}\Omega$,$1/4\text{W}$	1
10	微调电位器	R_{P1}、R_{P2}	$\text{WS}-22\text{k}\Omega$	2
11	电解电容	C_1、C_3、C_5	$10\mu\text{F}/16\text{V}$	3
12	电解电容	C_2、C_4	$47\mu\text{F}/16\text{V}$	2
13	晶体管	T_1、T_2	9013	2
14	印制电路板(或万能板)	—	配套印制电路板或单孔板	1

3. 装配要求

要求根据该电路原理图装配电路,装配工艺要求为:

(1)电阻均采用水平安装,要求贴紧电路板,电阻的色环方向应一致。

(2)电解电容器采用垂直安装,电容器底部应贴近电路板,并注意正、负极应正确。

(3)晶体管采用垂直安装,底部离开电路板 5mm,并注意引脚应正确。

(4)布线正确、合理,焊点合格,无漏焊、虚焊、短路现象。

4. 电路组装

元器件布局完成后,按原理图完成元器件焊接与线路连接,并自检焊接时有无短路与虚焊,以及错误连接情况。焊接时应做到焊点光滑圆亮,大小均匀,无虚焊和漏焊;连接导线颜色要规范(请查相关资料)。焊接完成后,保留元器件引脚长度 1～1.5mm,然后剪去多余长度。剪切时不得让引脚承受过大的机械拉力,以免造成焊点松动。

5. 功能检测与调试

电路组装完成后,按以下步骤完成电路功能检测与调试。

(1)静态工作点测量

分别在两级放大电路的输入端加入频率 $f=1\text{kHz}$ 的正弦信号 u_i;用示波器监测输出端 u_o 的波形;反复调整 R_P 及信号源的输出幅度,使示波器显示的 u_o 波形正负峰刚好开始出现失真时为止;再将电路输入端对地短路(使 $u_i=0$),完成表 2-22 数据的测量。

表 2-22　反馈放大器静态工作点的测量

静态工作点	U_E(V)	U_C(V)	I_E(mA)	I_C(mA)	U_{CE}(V)
第一级					
第二级					

（2）开环电压放大倍数的测量

将电路改接，即把 R_{10} 断开后分别并在 R_4 和 R_L 上，其他连线不动。

用信号发生器分别在两级放大电路输入端加入频率 $f=1\text{kHz}$ 的正弦信号，用示波器监测放大器输出端的波形；调节信号发生器输出信号的大小，用示波器观测输入信号 u_i 和输出信号 u_o 的波形，在输出波形不失真的前提下，分别读出其峰—峰值 $u_{\text{ip}-\text{p}}$、$u_{\text{op}-\text{p}}$，并记录于表 2-23中。

表 2-23　放大电路开环电压放大倍数与波形测量

测量对象	测量项目	$u_{\text{ip}-\text{p}}$(V)	$u_{\text{op}-\text{p}}$(V)	A_u
第一级	电压大小			
	波形			
第二级	电压大小			
	波形			
两级连接	电压大小			
	波形			

（3）闭环放大器电压放大倍数 A_{uf}

将电路恢复，即接上 R_{10}。用信号发生器在前级放大电路输入端加入频率 $f=1\text{kHz}$ 的正弦信号，适当加大 U_s（约 10mV），在输出波形不失真的条件下，测量负反馈放大器的 A_{uf}，结果记入表 2-24。

表 2-24　闭环放大器电压放大倍数测量

U_s/mV	U_i/mV	U_{o1}/V	A_{uf1}	U_o/V	A_{uf2}	A_{uf}

习　题

一、填空题

1. 负反馈放大器是由（　　）和（　　）组成的。

2. 根据反馈极性分反馈有（　　）和（　　）两种。

3. 负反馈将使放大器的电压放大倍数(　　　)。

4. 直流负反馈的作用是稳定(　　　),交流负反馈的作用是(　　　)。

5. 电压负反馈的作用是(　　　),电流负反馈的作用是(　　　)

6. 串联负反馈的作用是提高(　　　),并联负反馈的作用是减小(　　　)。

7. 要提高放大电路的带负载能力应引入(　　　)负反馈,要减小放大电路对信号源的影响应引入(　　　)负反馈。

8. 负反馈(　　　)放大电路的非线性失真是由于负反馈具有(　　　)作用实现的。

9. 反馈元件在(　　　)电路中与负载电阻接在同一点上,引入的反馈就是(　　　)反馈。

二、判断题

1. 常用正反馈的方法来提高放大电路的放大倍数。(　　　)

2. 一般放大电路中常引入交流负反馈。(　　　)

3. 放大电路中引入电流负反馈能提高电路的带负载能力。(　　　)

4. 电压负反馈具有稳定输出电压的作用。(　　　)

5. 提高电路的带负载能力,可引入电压负反馈。(　　　)

6. 放大电路中引入正反馈能改善非线性失真。(　　　)

7. 放大电路中引入正反馈能提高电压放大倍数。(　　　)

8. 放大电路中引入直流反馈能稳定工作点。(　　　)

三、选择题

1. 对于放大电路,所谓开环是指(　　　)。
　　A. 无信号源　　　　　　B. 无反馈通路　　　　　　C. 无电源　　　　　　D. 无负载

2. 在输入量不变的情况下,若引入反馈后(　　　),则说明引入的反馈是负反馈。
　　A. 输入电阻增大　　　B. 输出量增大　　　　　　C. 净输入量增大　　　D. 净输入量减小

3. 直流负反馈是指(　　　)。
　　A. 直接耦合放大电路中所引入的负反馈　　　B. 只有放大直流信号时才有的负反馈
　　C. 在直流通路中的负反馈

4. 交流负反馈是指(　　　)。
　　A. 阻容耦合放大电路中所引入的负反馈　　　B. 只有放大交流信号时才有的负反馈
　　C. 在交流通路中的负反馈

5. 电流负反馈具有稳定(　　　)的作用。
　　A. 输出电压　　　　　B. 输入电压　　　　　　　C. 输出电流　　　　　D. 输入电流

6. 电压负反馈具有(　　　)的作用。
　　A. 输出电流　　　　　B. 输入电流　　　　　　　C. 输出电压　　　　　D. 输入电压

7. 负反馈具有稳定(　　　)的作用。
　　A. 提高输入电阻　　　B. 降低输入电阻　　　　　C. 自动调整　　　　　D. 提高放大倍数

8. 要提高放大电路的带负载能力应引入(　　　)。
　　A. 电流负反馈　　　　B. 电压负反馈　　　　　　C. 串联反馈　　　　　D. 并联反馈

9. 要改善放大电路的非线性失真应引入(　　　)。
　　A. 直流反馈　　　　　B. 交流负反馈　　　　　　C. 串联反馈　　　　　D. 正反馈

四、简答题

1. 什么是反馈? 反馈放大器由哪几部分组成?

2. 放大电路中引入负反馈有何作用?

3. 交流负反馈有几种类型?

五、分析题

分别判断图 2-32 所示各电路中引入了哪种组态的交流负反馈。

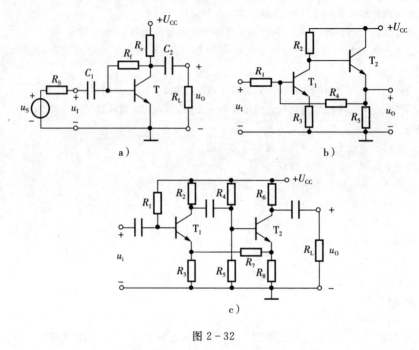

图 2-32

任务 7 功率放大电路的装配与调试

任务引入

电子设备中,常常要求放大电路的输出级带动某些负载工作。例如,使仪表指针偏转,使扬声器发声,驱动自控系统中的执行机构等等。因而要求放大电路有足够大的输出功率。实现信号功率放大的电路称为功率放大电路。本任务主要介绍功率放大电路的特点、组成及 OTL 功率放大电路的工作原理。

相关知识

1. 功率放大电路的特点

从实质上来说,功率放大电路和电压放大电路都是能量转换电路,所有的放大电路都可称为功率放大电路。但是,功率放大电路和电压放大电路所要完成的任务是不同的。对电压放大电路的主要要求是使负载得到不失真的电压信号,输出的功率并不一定大。而功率放大电路则不同,它主要要求获得一定的不失真(或失真较小)的输出功率,通常在大信号状态下工作。因此,功率放大电路包含着一系列在电压放大电路中没有出现过的特殊问题,这些问题是:

（1）要求输出功率尽可能大

为了获得大的功率输出，要求功放管的电压和电流都有足够大的输出幅度，因此管子往往在接近极限运用状态下。在选择功放管时，应特别注意三极管极限参数的选择，以保证管子安全工作。

（2）效率要高

由于输出功率大，因此直流电源消耗的功率也大，这就存在一个效率问题。所谓效率就是负载得到的有用信号和电源供给的直流功率的比值。效率高，就是这个比值大。

（3）非线性失真要小

功率放大器是在大信号下工作，所以不可避免地会产生非线性失真，而且同一功放管输出功率越大，非线性失真往往越严重。所以在使用中要采取措施减少失真，使之满足负载的要求。

（4）半导体三极管的散热问题

在功率放大电路中，有相当大的功率消耗在管子的集电结上，使结温和管壳温度升高。为了输出较大的信号功率，管子承受的电压就要高，通过的电流就要大，功率管损坏的可能性也就比较大，所以功率管要满足散热要求，以防损坏功放管。

功率放大电路主要技术指标为最大输出功率和转换效率。

2. 功率放大电路的种类

功率放大电路的种类较多，按功率放大电路中晶体管的工作状态不同，可分为甲类、乙类以及甲乙类功放，三类功放工作电流波形如图 2-33 所示。在放大电路中，当输入信号为正弦波时，若晶体管在信号的整个周期内均导通（即导通角），则称之工作在甲类状态；若晶体管仅在信号的正半周或负半周导通，则称之工作在乙类状态；若晶体管的导通时间大于半个周期且小于一个周期，则称之工作在甲乙类状态。甲类放大的优点是波形失真小，但静态电流大，管耗大，效率低；乙类与甲乙类放大由于静态电流小，管耗小，电路效率高，所以在功率放大电路中获得广泛应用。由于乙类与甲乙类放大输出波形失真较严重，故在实际电路中均采用两管轮流导通的推挽电路来减少失真。

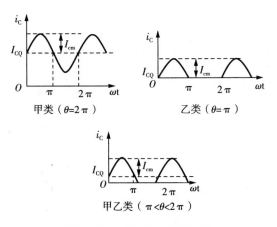

图 2-33　功率放大电路种类

3. 乙类双电源互补对称功率放大器

乙类双电源互补对称功率放大器，又称为无输出电容的功率放大电路（Output

Capacitorless),简称 OCL 功率放大电路。乙类 OCL 放大电路如图 2-34(b)所示,它由特性一致的 NPN 型管和 PNP 型管 T_1 和 T_2 组成,采用了双电源供电且 $U_{CC}=U_{EE}$。T_1 和 T_2 两管的基极和发射极分别连接在一起,信号从基极输入,从发射极输出,R_L 为负载。

静态时,即 $u_i=0$,T_1、T_2 均零偏置,两管的 I_{BQ}、I_{CQ} 均为零,管子无静态电流而截止,因而无损耗。由于电路对称,发射极电位 $U_B=0$,所以 R_L 中无电流,输出电压 $u_o=0$。动态时,设输入正弦信号 u_i 时,当 $u_i>0$ 时,T_1 导通 T_2 截止时,正电源 U_{CC} 供电,电流如图 2-34(b)中实线所示,T_1 与 R_L 组成射极输出器,$u_o \approx u_i$;当 $u_i<0$ 时,T_1 截止 T_2 导通,负电源 U_{EE} 供电,电流如图 2-34(b)中虚线所示,T_2 与 R_L 组成射极输出器,$u_o \approx u_i$。可见,电路中 T_1、T_2 交替工作,正、负电源交替供电,在负载上合成一个完整的正弦波,如图 2-34(c)所示。由于这种电路的两个管子组成推挽式电路,互补对方的不足,工作性能对称,所以这种电路通常称为乙类互补对称功率放大电路。

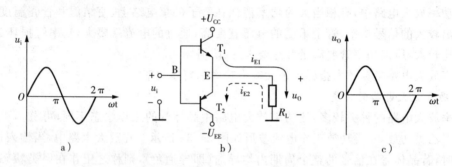

图 2-34 乙类 OCL 功率放大电路

前面讨论了由两个射极输出器组成的乙类互补对称电路,实际上这种电路并不能使输出波形很好地反映输入的变化。由于没有直流偏置,当输入信号很小达不到功放晶体管的开启电压时,功放晶体管不导电。因此在正、负半周交替过零处会出现一些非线性失真,这个失真称为交越失真,如图 2-35 所示。

为了消除交越失真,可利用两个二极管分别给两只功放晶体管的发射结加很小的正偏电压,使两只功放晶体管处于微导通状态,即让管子工作在甲乙类工作状态。如图 2-36 所示。这样两管轮流导通时,交替得比较平滑,从而减小了交越失真。

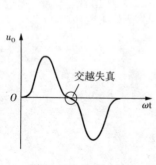

图 2-35 交越失真

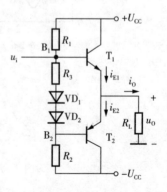

图 2-36 甲乙类互补对称功率放大电路

4. 单电源互补对称功率放大电路——OTL 电路

OCL 电路采用双电源供电,给使用和维修带来不便,因此在放大电路的输出端接入一个电容 C,利用这个电容的充放电来代替负电源,称为单电源互补对称功率放大电路(或无输出变压器功率放大电路 Output Transfomerless),简称 OTL,如图 2 - 37 所示。与 OCL 电路相比,它省去了负电源,输出端增加一个耦合电容 C,由于电路结构对称,静态时耦合电容 C 上充有左正右负的直流电压,即 K 点电位 $U_K = \dfrac{U_{CC}}{2}$,使得 T_1 集电极与发射极之间的直流电压

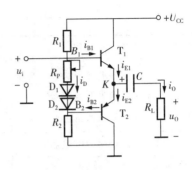

图 2 - 37　OTL 功率放大电路

为 $+\dfrac{U_{CC}}{2}\text{V}$,$T_2$ 集电极与发射极之间的直流电压为 $-\dfrac{U_{CC}}{2}\text{V}$。可见耦合电容替代了负电源。该电路的工作原理与双电源乙类互补对称功率放大器的工作原理相似,当输入信号 $u_i > 0$ 时,T_1 导通,T_2 截止,T_1 的集电极电流 i_{C1} 由电源 U_{CC} 经 T_1 和电容 C 流到 R_L,使其获得正半周输出信号。在 $u_i < 0$ 时,T_2 导通,T_1 截止,T_2 的集电极电流 i_{C2} 由电容 C 正极流出,经 T_2 流到 R_L,最后回到电容 C 的负极,使负载获得负半周输出信号。

图 2 - 37 电路中利用两个二极管 D_1、D_2 的正向电压降给两个功放互补管 T_1、T_2 提供正向偏置电压,使 T_1、T_2 在静态时处于微导通状态,克服了电路在动态时所产生的交越失真。

任务实施

1. 实训电路

实训电路原理图如图 2 - 38 所示。

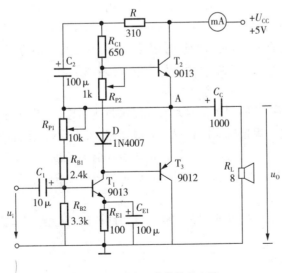

图 2 - 38　OTL 功率放大电路

2. 器件、器材

表 2-25　OTL 功率放大电路元器件(材)明细表

序号	名称	元件标号	型号规格	数量
1	金属膜电阻器	R	$310\Omega,1/4W$	1
2	金属膜电阻器	R_{C1}	$650\Omega,1/4W$	1
3	金属膜电阻器	R_{B1}	$2.4k\Omega,1/4W$	1
4	金属膜电阻器	R_{B2}	$3.3k\Omega,1/4W$	1
5	金属膜电阻器	R_L	$8\Omega,1/4W$	1
6	金属膜电阻器	R_{E1}	$100\Omega,1/4W$	1
7	微调电位器	R_{P1}	$10k\Omega,1/4W$	1
8	微调电位器	R_{P2}	$1k\Omega,1/4W$	1
9	电解电容	C_C	$1000\mu F/16V$	1
10	电解电容	C_1	$10\mu F/16V$	1
11	电解电容	$C_2 \ 、 C_{E1}$	$100\mu F/16V$	2
12	三极管	$T_1 \ 、 T_2$	9013	2
13	三极管	T_3	9012	1
14	印制电路板(或万能板)	—	配套印制电路或单孔板	1

3. 装配要求

要求根据该电路原理图装配电路,装配工艺要求为:

(1)电阻均采用水平安装,要求贴紧电路板,电阻的色环方向应一致。

(2)电解电容器采用垂直安装,电容器底部应贴近电路板,并注意正、负极应正确。

(3)晶体管采用垂直安装,底部离开电路板 5mm,并注意引脚应正确。

(4)布线正确、合理,焊点合格,无漏焊、虚焊、短路现象。

4. 电路组装

元器件布局完成后,按原理图完成元器件焊接与线路连接,并自检焊接时有无短路与虚焊,以及错误连接情况。焊接时应做到焊点光滑圆亮,大小均匀,无虚焊和漏焊;连接导线颜色要规范(请查相关资料)。焊接完成后,保留元器件引脚长度 1~1.5mm,然后剪去多余长度。剪切时不得让引脚承受过大的机械拉力,以免造成焊点松动。

5. 功能调试与检测

电路组装完成后,就要按以下步骤完成电路功能调试与检测,在调试过程中不能出现自激现象。

(1)静态工作点调整

将输入端短路($u_i=0$),在电源进线中串入万用表直流电流挡。将电位器 R_{P2} 阻值调至最小,R_{P1} 旋转到中间位置。接通 $+5V$ 电源,观察万用表显示的电流大小,同时用手指触摸功率管,感受管子温度。若电流过大或管子温升显著,应立即断开电源查明原因。如无异常,可开始调试。

① 调节输出端中点电位 U_A

调节电位器 R_{P1},使 $U_A = \frac{1}{2}U_{CC} \approx 2.5V$。

② 调整输出级静态电流及测试各级静态工作点

从减小交越失真的角度,I_{C2}、I_{C3} 可大些,但过大,会使效率降低。此处调节 R_{P2},使 T_2 和 T_3 的 $I_{C2} = I_{C3} = 2 \sim 4mA$ 为宜。虽然万用表测得的是电源输出的总电流,但 T_1 的集电极电流 I_{C1} 较小,故电源输出的总电流可近似看着是 T_2 和 T_3 的集电极电流 I_{C2}、I_{C3}。输出级电流调整好后,可测量各级的静态工作点,并记入表 2-26 中。

表 2-26 静态工作点的测量 $I_{C2} = I_{C3} = $ _____ mA, $U_A = 2.5V$　　　单位:V

测量项目	T_1	T_2	T_3
U_B			
U_C			
U_E			

特别指出:输出管静态电流调好后,如无特殊情况,不得随意调节 R_{P2}。

(2)试听

输入信号改为 MP3 或 MP4 等输出信号,输出端接喇叭及示波器。开机试听,观察语言和音乐信号的输出波形。

习　题

一、填空题

1. 互补对称功率放大器中 T_1 为( )管,T_2 为( )管;在输入信号的正半周,T_1 管( ),T_2 管( );在输入信号的负半周,则刚好相反。

2. 功率放大器的作用是( )。

3. 单电源互补对称功放电路中每个功放管的工作电压是( )。

4. 乙类互补对称功率放大器中管子的导通角为( ),工作中将产生( )失真。

5. 乙类互补对称功率放大器静态时功放管的发射结应( )偏置,集电结应( )偏置。

6. 功率放大器的前置级放大器应工作在( )放大状态,实现( )放大。

7. 互补对称功率放大器的电压放大倍数等于( ),电流放大倍数等于( )。

8. 单电源互补对称功率放大器中两个功放管的参数应( ),静态时,两个功放管的发射极电位应为( )。

二、判断题

1. 功率放大器输出波形允许有一定的失真。( )

2. 功率放大器的静态电流越大越好。( )

3. 功率放大器只放大功率。( )

4. 能输出较大功率的放大器为功率放大器。( )

5. 功率放大器即能放大电流又能放大电压。( )

6. 在输出波形正、负半周交替过零处出现的非线性失真,又称为交越失真。(　　)

7. 工作在甲乙类的放大器能克服交越失真。(　　)

8. 功率放大器中功放管常常处于极限工作状态。(　　)

9. 静态情况下,乙类互补对称功率放大器电源消耗的功率最大。(　　)

10. 在功率放大电路中,输出功率越大,功放管的功耗越大。(　　)

11. 功率放大电路的最大输出功率是指在基本不失真情况下,负载上可能获得的最大交流功率。(　　)

三、选择题

1. 乙类放大功放管的导通角为(　　)。

　　A. 360°　　　　B. 180°　　　　C. 270°　　　　B. 90°

2. 甲类放大功放管的导通角为(　　)。

　　A. 360°　　　　B. 180°　　　　C. 270°　　　　B. 90°

3. 甲乙类放大功放管的导通角为(　　)。

　　A. 360°　　　　B. 180°　　　　C. 270°　　　　B. 90°

4. 功率放大器的作用是(　　)。

　　A. 输出较大功率　　B. 输出较大电压　　C. 实现电压放大　　D. 提高输出电阻

5. 互补对称功放电路中两个功放管基极之间若只接二极管,则至少需(　　)。

　　A. 1个　　　　B. 2个　　　　C. 3个　　　　D. 4个

6. 乙类放大功率效率(　　)

　　A. 最低　　　　B. 居中　　　　C. 最高　　　　D. 不存在

7. 双电源互补对称功放电路中两个功放管的发射极电位为(　　)。

　　A. $U_{CC}/2$　　　B. U_{CC}　　　　C. 0　　　　　D. $U_{CC}/3$

8. 单电源互补对称功放电路中每个功放管的工作电压是(　　)。

　　A. $U_{CC}/2$　　　B. U_{CC}　　　　C. 8V　　　　D. 5V

9. 静态时,单电源互补对称功放电路中输出电容上的电压为(　　)。

　　A. $U_{CC}/2$　　　B. U_{CC}　　　　C. 0　　　　　D. $U_{CC}/3$

任务8　扩音器的装配与调试

任务引入

扩音器主要用于日常会议和公共场所,其目的是将演讲者的声音进行放大,以便听众能听到演讲内容。扩音器可以由分立元件构成的电路组成,也可以由集成电路组成。本项目主要利用 LM386 通用型集成功率放大器制作简易扩音器,调整方便。

相关知识

1. 扩音器的组成

扩音机主要包括前置放大电路、音量调节电路、功率放大电路、电源电路等,高级的扩音机还有音调控制电路,其组成框图如图 2-39 所示。

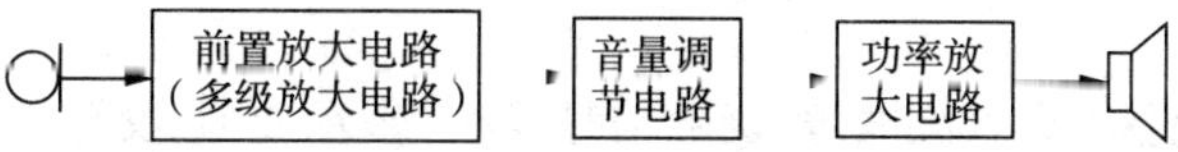

```
前置放大电路 ──▶ 音量调 ──▶ 功率放
（多级放大电路）      节电路      大电路
```

图 2-39　扩音器组成框图

2. 集成功率放大器

LM386 通用型集成功率放大器是低电压集成功率放大器，适用的电压范围为 4～16V。功耗低（常温下为 660mW），使用时不需加散热片，调整也比较方便。它广泛应用于收音机、对讲机、方波发生器、光控继电器等设备中。

LM386 外形采用双列直插式塑封结构，外形如图 2-40 所示，引脚排列如图 2-41 所示。其中，1 脚和 8 脚为增益设定端。当 1 脚和 8 脚断开时，放大倍数为 20 倍；若在 1 脚和 8 脚间接入旁路电容，则放大倍数可升至 200 倍；若在 1 脚和 8 脚间接入 R_C 串联网络，其放大倍数可在 20～200 之间任意调整。2 脚为反相输入端，3 脚为同相输入端，4 脚为地端，5 脚为输出端，6 脚为正电源端，7 脚为去耦端（使用时应接容量较大电容）。

图 2-40　LM386 外形图

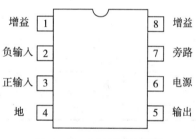

图 2-41　LM386 引脚图

任务实施

1. 实训电路

图 2-42 所示为由 LM386 组成的功放电路，图中 R_{P1} 用来调节增益，R_{P2} 用来调节音量，C_1 为输入耦合电容，C_2 为外接电容，C_3 为去耦电容，R_2、C_4 构成消振电路，C_5 为输出耦合电容。

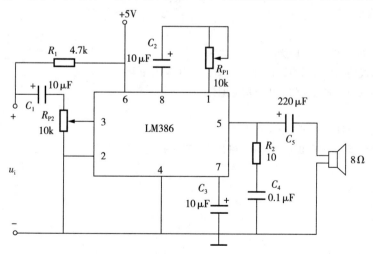

图 2-42　LM386 功放电路

2. 器件、器材

实训需要设备包括 5V 直流电源、函数信号发生器、示波器、交流毫伏表、万用表和电烙铁,所需器材见表 2-15 所列。

表 2-27 LM386 功放电路元器件(材)明细表

序号	名称	元件行号	型号规格	数量
1	金属膜电阻器	R_1	$4.7k\Omega$, $1/4W$	1
2	电位器	R_{P1}、R_{P2}	$10k\Omega$	2
3	金属膜电阻器	R_2	10Ω, $1/4W$	1
4	电解电容	C_1、C_2、C_3	$10\mu F/16V$	3
5	电解电容	C_5	$220\mu F/16V$	1
6	电容	C_4	$0.1\mu F$	1
7	喇叭	—	8Ω, $0.5W$	1
8	LM386	—		1
9	电容话筒	—		1
10	IC 底座	—	8P	1
11	印制电路板(或万能板)	—	配套印制电路板或单孔板	1

3. 调试

开机调试,对准话筒说话,听喇叭有无声音;如无声音,检查电路连接是否正确;如电路连接正确,则调整电位器 R_{P1}、R_{P2},直至喇叭发声并将音量调至适中为止。也可不接话筒,在电路输入端输入 MP3 或 MP4 等输出信号,输出端接试听音箱试听,并接入示波器观察语言和音乐信号的输出波形。

习　题

一、填空题

1. LM386 集成功放电路 3 脚为_____,2 脚为_____,5 脚为_____,6 脚为_____。

2. LM386 集成功率放大器中,当 1 脚和 8 脚接入电容时,其放大倍数为_____。

3. LM386 集成功率放大器的电压适用范围为_____。

二、简答题

1. 扩音器主要由哪几部分组成?

2. 通过电路调试,说明电位器 R_{P1}、R_{P2} 在音量控制中的不同作用。

项目三　单向可控整流与调光电路

任务1　晶闸管的检测与选用

任务引入

晶闸管又称可控硅。它是一种大功率器件,能在高电压、大电流条件下工作,且其工作过程可以控制,被广泛应用于可控整流、交流调压、无触点电子开关、逆变及变频等电子电路中。晶闸管分为单向晶闸管、双向晶闸管、光控晶闸管、逆导晶闸管、可关断晶闸管、快速晶闸管等。本任务主要介绍单向晶闸管以及相关电子技术。

相关知识

1. 单向晶闸管的结构、符号和主要技术参数

(1)单向晶闸管的结构和特性

1)单向晶闸管的结构和符号

单向晶闸管的结构如图 3-1(a)所示。由图可见,单向晶闸管内由相互交叠的 4 层 P 型和 N 型半导体所构成,有三个 PN 结。晶闸管的三个电极是从 P_1 引出阳极 A,从 N_2 引出阴极 K,从 P_2 引出控制极 G,因此可以说它是一个四层三端半导体器件。单向晶闸管可以看成是由两部分组成,即可以把晶闸管等效为由两只互补的 NPN 型三极管与 PNP 型三极管组成,其等效电路如图 3-2 所示。

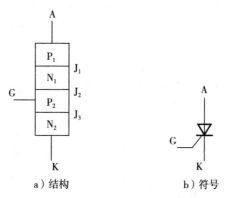

a)结构　　　　　　b)符号

图 3-1　单向晶闸管的结构和电路符号

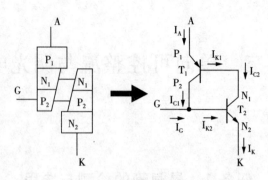

图 3-2 单向晶闸管等效电路

2)单向晶闸管的特性

① 阻断状态

阻断状态是指晶闸管 G 极不加电压,同时在 A、K 两极之间加正向或负向电压,晶闸管不导通的状态,如图 3-3 所示。

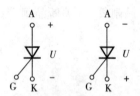

图 3-3 单向晶闸管的两个阻断状态

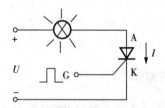

图 3-4 在可控极加触发信号晶闸管导通

② 晶闸管触发导通状态

当在 A、K 两极之间加上足够大的正向电压,且在 G、K 两极之间加足够大的触发电压时,晶闸管则导通,如图 3-4 所示。晶闸管导通后阳极 A—阴极 K 两极间压降一般为 0.6～1.2V。

③ 晶闸管导通后撤销触发信号能维持导通

晶闸管导通后,只要流过 A、K 两极的电流大于维持导通电流,即使撤去触发信号,晶闸管仍能维持导通。维持电流 I_H 是指晶闸管导通后,无触发信号时,保证晶闸管继续导通的最小电流。

④ 返回阻断状态

进入导通状态后,有两个途径能使晶闸管返回阻断状态:

其一,改变电压极性。晶闸管加反向偏置电压(即阳极加负电压,阴极加正电压),晶闸管返回阻断状态。

其二,减小阳极电流。当阳极电流小于维持电流 I_H 时,晶闸管关断,进入正向阻断状态。

(2)单向晶闸管的伏安特性和主要技术参数

1)单向晶闸管的伏安特性

晶闸管的阳极 A—阴极 K 间的电压和阳极电流之间的关系,称为阳极伏安特性,如图

3-5所示。

① 正向特性

当 $I_G = 0$ 时,如果在阳极与阴极间施加正向电压,则晶闸管处于正向阻断状态,此时晶闸管只有很小的正向漏电流流过。如果正向电压超过临界极限即正向转折电压 U_{BO},则漏电流急剧增大,晶闸管开通。随着门极电流幅值的增大,正向转折电压降低。

导通后的晶闸管特性和二极管的正向特性相仿。导通期间,如果门极电流为零,将阳极电流降至维持电流以下,则晶闸管又回到正向阻断状态。

② 反向特性

晶闸管上施加反向电压时,其伏安特性与二极管的反向特性相似。

晶闸管处于反向阻断状态时,只有极小的反向漏电流流过。当反向电压超过反向击穿电压后,晶闸管就反向击穿,此时如果无限流措施,则反向漏电流会急剧增加,导致晶闸管发热损坏。

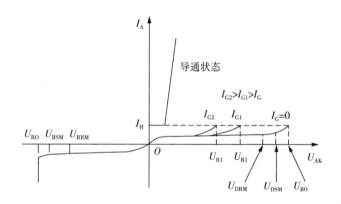

图 3-5 晶闸管的伏安特性

2)单向晶闸管的主要技术参数

① 额定正向平均电流 I_F

在规定的环境温度为 40℃和标准散热条件下,元件 PN 结温度稳定且不超过 140℃时,所允许的长时间连续流过 50Hz 正弦半波的电流平均值,将此电流值取规定系列的电流等级,即为晶闸管的额定电流。使用时不能超过此值,否则会损坏晶闸管。

② 维持电流 I_H

在规定的环境温度下,控制极开路时晶闸管维持导通的最小阳极电流。正向阳极电流小于 I_H 时,晶闸管就自动阻断。

③ 触发电压 U_G 和触发电流 I_G

在室温下,阳极和阴极间电压 $U_{AK} = 6V$ 时,使晶闸管从阻断状态进入完全导通所需要的最小控制极直流电压和直流电流分别称为触发电压 U_G 和触发电流 I_G。U_G 一般为 1～5V,I_G 为几十到几百毫安。

④ 反向击穿电压 U_{BR}

反向击穿电压 U_{BR} 是指在额定结温下,晶闸管阳极与阴极之间施加正弦半波反向电压,当其反向漏电电流急剧增加时所对应的峰值电压。

2. 单向晶闸管的应用

(1)单向晶闸管可控整流电路

由晶闸管组成的可控整流电路有半波可控整流电路和全波可控桥式整流电路等。

1)单相半波可控制整流电路

电路如图3-6所示,电路由变压器、晶闸管和负载 R_L 构成。晶闸管与 R_L 串联,电路电流为 i_o。控制极施加周期性正向脉冲电压 u_G。电路工作过程如图3-7所示:

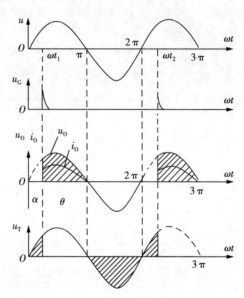

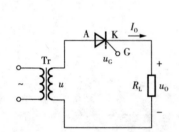

图3-6 单相半波可控制整流电路   图3-7 单相半波可控制整流电路工作过程

当 $t=0$ 时,电压 $u=0$,u_G 为 0,晶闸管电流 $i_o=0$。

当 $\omega t=0 \sim \omega t_1$ 时(不含 ωt_1 点),电压 u 为正,但 u_G 为 0,晶闸管正向阻断,电流 $i_o=0$。

当 $\omega t=\omega t_1 \sim \pi$ 时(含 ωt_1 点),电压 u 为正,控制极电压在 ωt_1 点出现,晶闸管导通条件具备,正向导通,产生电流 i_o。晶闸管一旦导通,控制极失去作用,即使 u_G 消失,晶闸管仍然有导通电流 i_o 存在。

当 $\omega t=\pi \sim 2\pi$ 时,电源电压 u 反向,不论 u_G 是否存在,晶闸管反向阻断,$i_o=0$。

晶闸管在正向电压下的阻断范围称为控制角,简称为 α;晶闸管在正向电压下的导通范围称为导通角,简称为 θ,$\alpha+\theta=180°$。

当 $\alpha=0$ 时,$\theta=180°$,$U_o=0.45U$,晶闸管全导通;当 $\alpha=180°$时,$\theta=0°$,$U_o=0$,晶闸管全阻断。

2)半控桥式全波整流电路

如图3-8所示,半控桥式全波整流电路由两个二极管和二个晶闸管组成,电路构成形式与二极管构成的整流桥相似。其工作过程分析方法同半波可控整流电路相同,在此不再作详细分析。

(2)交流调压电路

晶闸管交流调压电路可代替调压变压器,广泛用于调节电阻炉温度,交流电机转速,舞台灯光调节,电路如图 3-9 所示。

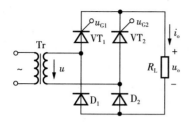

图 3-8　单相半控桥式全波整流电路

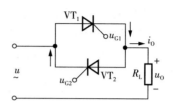

图 3-9　晶闸管交流调压电路

交流调压电路工作过程如图 3-10 所示。

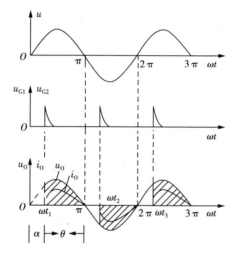

图 3-10　交流调压电路工作过程

当 u 为正半周:VT_1 承受正向电压,VT_2 承受反向电压,ωt_1 时刻在触发信号的作用下,VT_1 导通;

当 u 为负半周:VT_2 承受正向电压,VT_1 承受反向电压,ωt_2 时刻在触发信号的作用下,VT_2 导通。

可见,电压 u 变化一周,负载电压 u_o 和 i_o 也变化一周,但不是正弦波。只要改变 u_{G1},u_{G2} 出现的时刻,即控制角 α,就可改变负载上电压 u_o 和电流 i_o 的有效值大小。

负载电压 U_o 的有效值为:

$$U_o = \sqrt{\int_{\alpha}^{\pi} \left(\sqrt{2}U\sin\omega t\right)^2 \mathrm{d}\omega t}$$

$$= U\sqrt{\sin\omega t/2\pi + (\pi - \alpha)/\pi} \tag{3-1}$$

负载电流 I_o 的有效值为:

$$I_o = U_o/R_L \tag{3-2}$$

2. 晶闸管的代换和用途

晶闸管的品种繁多,不同的电子设备与不同的电子电路,采用不同类型的晶闸管。选用与代换晶闸管时,主要应考虑其额定峰值电压、额定电流、正向压降、门极触发电流及触发电压、开关速度等参数,额定峰值电压和额定电流均应高于工作电路的最大工作电压和最大工作电流 1.5~2 倍,代换时最好选用同类型、同特性、同外形的晶闸管替换。

普通晶闸管一般被用于交直流电压控制、可控整流、交流调压、逆变电源,并大电源保护等电路。

双向晶闸管一般被用于交流开关、交流调压、交流电动机线性调速、灯具线性调光及固态继电器、固态接触器等电路。

逆导晶闸管一般被用于电磁灶、电子镇流器、超声波电路、超导磁能贮存系统及开关电源等电路。

光控晶闸管一般被用于光电耦合器、光探测器、光报警器、光计数器、光电逻辑电路及自动生产线的运行监控电路等。

门极关断晶闸管一般被用于交流电动机变频调速、斩波器、逆变电源及各种电子开关电路等。

任务实施

利用指针万用表判别单向晶闸管引脚及好坏

脱开电路板的单向晶闸管,阳极、阴极和控制极 3 个引脚一般没有特殊的标注,识别各个脚主要是通过检测各个引脚之间的电阻值来进行的。

(1)判别单向晶闸管引脚

取万用表选电阻 $R \times 1\Omega$ 档,红、黑两表笔分别测晶闸管任意两引脚间正反向电阻,直至找出读数为数十欧姆的一对引脚,此时,黑表笔连接的引脚为控制极 G,红表笔连接的引脚为阴极 K,另一空脚为阳极 A。

(2)判别单向晶闸管的好坏

将黑表笔接已找出的阳极 A,红表笔仍接阴极 K,万用表指针应不动;若用短线瞬间短接阳极 A 和控制极 G,则万用表指针应向右偏转,阻值为 10Ω 左右。如阳极 A 接黑表笔,阴极 K 接红表笔时,万用表指针发生偏转,说明该单向晶闸管已被击穿损坏。

测试结果填入表 3-1。

表 3-1 晶闸管测试结果

A、K 间电阻		A、G 间电阻		G、K 间电阻		引脚图	晶闸管的好坏
正向	反向	正向	反向	正向	反向		

习　题

一、填空题

1. 晶闸管又称为(　　)。

2. 晶闸管的内部是由(　　)层半导体和(　　)个 PN 结,三个电极组成,三个电极是(　　)、(　　)、

（　　），分别用字母（　　）、（　　）、（　　）表示。

3．晶闸管一旦导通后，（　　）将失去控制作用。其管压降（　　）左右。

4．晶闸管是一个可控的单向导电开关，它与二极管的差别在于晶闸管的正向导电受（　　）极电流的控制；与晶体管的差别在于晶闸管的（　　）电流与门极电流之间没有放大关系。

5．晶闸管从阻断转化为导通的条件是：（1）阳极必须加（　　）电压；（2）门极加（　　）电压并有足够的触发功率。

6．晶闸管的关断条件是：阳极电流小于（　　）电流。

7．选用晶闸管时主要考虑的参数是（　　）、（　　）、（　　）、（　　）和（　　）。

二、判断题

1．晶闸管是一种能够承受高电压、允许通过大电流的电力电子器件。（　　）

2．晶闸管有三个电极，分别称为正极、负极和门极。（　　）

3．晶闸管从由截止状态进入到导通状态必须同时具备两个条件。（　　）

4．晶闸管导通后，如在其门极上加上触发脉冲，可使晶闸管关断。（　　）

5．晶闸管的过载能力小，因此在实际应用中必须采取过电流或过电压保护。（　　）

三、选择题

1．晶闸管内部有（　　）个 PN 结。

    A．一个　　　　　　　　B．二个　　　　　　　　C．三个　　　　　　　　D．四个

2．电阻性负载单相半波可控整流电路中，刚好维持输出电压波形连续的控制角为（　　）。

    A．$0°$　　　　　　　　B．60　　　　　　　　C．90　　　　　　　　D．120

3．普通晶闸管的通态电流（额定电流）是用电流的（　　）来表示的。

    A．有效值　　　　　　　B．最大值　　　　　　　C．平均值　　　　　　　D．瞬时值

4．晶闸管导通后，通过晶闸管的电流决定于（　　）。

    A．电路的负载　　　　　　　　　　　　　B．晶闸管的电流容量

    C．晶闸管的阳极电压　　　　　　　　　　D．晶闸管的维持电流

5．单相半波可控整流电路中晶闸管的最大导通角是（　　）。

    A．90　　　　　　　　B．180　　　　　　　　C．120　　　　　　　　D．150

任务 2　直流调光台灯的制作与调试

任务引入

日常生活中，我们经常使用无极调光的照明灯，这个电路是如何实现连续调光的呢？通过直流调光电路的分析与制作，将回答这一问题。

相关知识

1．单结晶体管的结构、符号和等效电路

单结晶体管又称双基极二极管，它有三个电极，但在结构上只有一个 PN 结。它是在一块低掺杂（高电阻率）的 N 外型硅基片一侧的两端各引出一个欧姆接触的电极，称第一基极 B_1 和第二基极 B_2，如图 3-11（a）所示。而在硅片的另一侧较靠近 B_2 处，用合金或扩散法掺

入 P 型杂质,形成一个 PN 结,引出电极,称为发射极 E。图 3-11(b)是它的表示符号。

存在于基极 B_1 和 B_2 之间的电阻是硅片本身的电阻,其阻值范围为 $2\sim15k\Omega$ 之间,具有正的温度系数。单结晶体管的等效电路如图 3-11(c)所示。两基极间的电阻为 $R_{BB}=R_{B1}+R_{B2}$,发射结具有单向导电性,以二极管 D 表示。

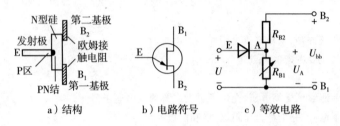

a）结构　　　b）电路符号　　　c）等效电路

图 3-11　单结晶体管的结构、符号和等效电路

2. 单结晶体管的伏安特性

测试单结晶体管特性的电路如图 3-12 所示,在两个基极之间加正向电压 U_{BB},当发射极电压为 0 时,$U_A=R_{B1}\times U_{BB}/(R_{B1}+R_{B2})=\eta U_{BB}$。其中,$\eta$ 称分压系数(分压比),一般为 $0.3\sim0.9$,是单结晶体管的重要参数。单结晶体管的伏安特性曲线如图 3-13 所示。

当 U_E 升高到一定值,PN 结导通,发射极电流 I_E 增大,电压 U_E 的最大值称为峰点电压 U_P,与之对应的电流称峰点电流 I_P。$U_P=U_A+U_D=\eta U_{BB}+U_D$,$U_D$ 为二极管正向压降,约 $0.6V$。

PN 结导通后,R_{B1} 迅速减小,E 与 B_1 之间的电压 U_E 下降,这段曲线的动态电阻 $\Delta U_E/\Delta I_E$ 为负值,称为负阻区。

电压 U_E 的最低点称谷点电压 U_V,当 $U_E<U_V$,单结晶体管关断。I_E 再增大,U_E 仅略有增大,单结晶体管进入饱和区。

可见,当 $U_E=U_P$ 时,单结晶体管导通,呈低阻态。当 $U_E<U_V$ 时,单结晶体管关断,呈高阻态。

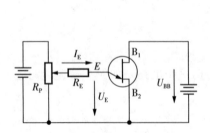

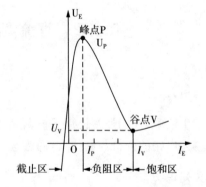

图 3-12　测量单结晶体管特性的电路　　　图 3-13　单结晶体管伏安特性曲线

3. 单结晶体管的主要参数

常用的国产单结晶体管型号有 BT33 和 BT35 两种,其中 B 表示半导体,T 表示特种管,第一个数字 3 表示有 3 个电极,第二个数字 3(或 5)表示耗散功率 300mW(或 500mW)。单

结晶体管的主要参数见表3-2。

表3-2　单结晶体管的主要参数

参数名称		分压比 η	基极电阻 $r_{BB}/\text{k}\Omega$	峰点电流 $I_P/\mu\text{A}$	谷点电流 I_V/mA	谷点电压 U_V/V	饱和电压 U_{ES}/V	最大反压 U_{B2E}/V	发射极反漏电流 $I_{EO}/\mu\text{A}$	耗散功率 P_{max}/mW
测试条件		$U_{BB}=20\text{V}$	$U_{BB}=3\text{V}$ $I_E=0$	$U_{BB}=0$	$U_{BB}=0$、	$U_{BB}=0$	$U_{BB}=0$ I_E 为最大值		U_{B2E} 为最大值	
BT33	A	0.45~0.9	2~4.5	<4	>1.5	<3.5	<4	≥30	<2	300
	B							≥60		
	C	0.3~0.9	>4.5~12			<4	<4.5	≥30		
	D							≥60		
BT35	A	0.45~0.9	2~4.5			<3.5	<4	≥30		500
	B					>3.5		≥60		
	C	0.3~0.9	>4.5~12			<4	<4.5	≥30		
	D							≥60		

4. 单结晶体管的应用

单结晶体管具有大的脉冲电流能力而且电路简单,因此在各种开关应用中,在构成定时电路或触发 SCR 等方面获得了广泛应用。它的开关特性具有很高的温度稳定性,基本上不随温度而变化。

下面以直流调光台灯电路为例,说明单结晶体管的应用。

如图3-14所示电路中,BT、R_1、R_2、R_3、R_4、R_P、C 组成单结晶体管张弛振荡器。接通电源前,电容器 C 上电压为零。接通电源后,电容经由 R_4、R_P 充电,电压 U_E 逐渐升高。当达到峰点电压时,E-B_1 间导通,电容上电压向电阻 R_3 放电。当电容上的电压降到谷点电压时,单结晶体管恢复阻断状态。此后,电容又重新充电,重复上述过程,结果在电容上形成锯齿状电压,在电阻 R_3 上则形成脉冲电压。此脉冲电压作为晶闸管 VT 的触发信号。在 $D_1\sim$ D_4 桥式整流输出的每一个半波时间内,振荡器产生的第一个脉冲为有效触发信号。调节 R_P 的阻值,可改变触发脉冲的相位,控制晶闸管 VT 的导通角,调节灯泡亮度。

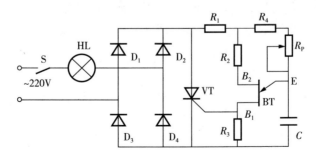

图3-14　直流调光台灯电路

任务实施

1. 实训电路

直流调光台灯电路原理图如图 3-14 所示。

2. 器件、器材

所需仪表、工具：常用电子组装工具一套，万用表一只。所需电子元器件及材料见表3-3。

表3-3　电子元器件(材)及材料表

序号	名称	元件标号	型号及规格	数量
1	二极管	$D_1 \sim D_4$	IN4007	4
2	单向晶闸管	VT	P5G	1
3	单结晶体管	BT	BT33	1
4	金属膜电阻	R_1	51kΩ	1
5	金属膜电阻	R_2	300Ω	1
6	金属膜电阻	R_3	100Ω	1
7	金属膜电阻	R_4	18kΩ	1
8	带开关电位器	K、R_P	149-37,100kΩ	1
9	电容器	C	0.022μF/250V	1
10	灯泡	HL	220V25W	1
11	灯座			1
12	电源线			1
13	导线			若干
14	印制板			1

3. 装配要求

要求根据该电路原理图装配电路，装配工艺要求为：

(1)用万用表测试各元件的主要参数，及时更换存在质量的元器件。

(2)将所有元器件引脚上的漆膜、氧化膜清除干净，对导线进行搪锡。

(3)电阻要求贴紧电路板，电阻的色环方向应一致。

(4)二极管排列整齐，底部应贴近电路板，正、负极应正确。

(5)晶闸管、单结晶体管采用垂直安装，底部离开电路板 5mm，并注意引脚应正确。

(6)根据要求对各元器件进行整形。

(7)布线正确、合理，焊点合格，无漏焊、虚焊、短路现象。

4. 电路组装

(1)元器件布局

在印制电路板或单孔板上完成元器件布局。一般来说，按原理图布局是较好的布局，且本实训电路元器件较少,因此本电路在元器件布局的原则基础上,按原理图进行元器件布局与布线。其中,开关电位器应安装在电路板边缘,以便调节,灯泡采用电路板外置方式安装。

（2）线路连接与焊接

1）带开关电位器要用螺母固定在印制板开关的孔上,电位器用导线连接到线路板的所在位置。

2）印制板四周用螺母固定支撑。

5. 功能调试与检测

（1）检查电路连接是否正确,确保无误后方可接上灯泡,开始调试。调试过程中应注意安全,防止触电。

（2）接通电源,打开开关,旋转电位器手柄,观察灯泡亮度变化。

（3）在下面几种情况下测量电路中各点电位,并填入表 3-4 中。

表 3-4 直流调光台灯的调试

灯 泡 状 态	元器件各点电压						断开交流电源,电位器的电阻值
	VT			BT			
	V_A	V_K	V_G	V_{B1}	V_{B2}	V_E	
灯泡最亮时							
灯泡微亮时							
灯泡不亮时							

6. 检查评议

评分标准见表 3-5。

表 3-5 评分标准

序号	项目内容	评分标准	分值	扣分	得分
1	元器件安装	1. 元器件不按规定方式安装,扣 10 分 2. 元器件极性有一处安装错误,扣 5 分 3. 布线不合理,扣 10 分	40		
2	焊接	1. 焊点有一处不合格,扣 2 分 2. 剪脚留头长度有一处不及格,扣 2 分	20		
3	测试	1. 关键点电压不正常,扣 10 分 2. 仪器仪表使用错误,扣 10 分	20		
4	安全文明操作	1. 不爱护仪器设备,扣 10 分 2. 不注意安全,扣 10 分	20		
5	合计		100		
6	时间	90min			

7. 注意事项

调试时特别要注意安全,防止人身触电危险的发生。检查故障时,必须先断开电源,然后再进行检查。检查顺序应首先检查电源电压是否正确；接线是否正确；在接线正确的前提下，着重检查晶闸管、单结晶体管极性是否接错；电阻参数是否正确等。

习　题

一、填空题

1. 单结晶体管又称为（　　），有（　　）PN结，它的三个电极分别为（　　）、（　　）、（　　）极。

2. 当单结晶体管的发射极电压高于（　　）电压时就导通；低于（　　）电压时就截止。

二、简答题

在图 3-14 所示的直流调光台灯电路中：

1. R_P 下滑时，灯变亮还是变暗？为什么？

2. 断开 C 对台灯的工作是否有不良影响？

3. 用导线将 VT 短路，台灯将出现什么故障？

4. 灯暗且亮度不可调是什么原因造成的？

5. C 击穿、容量减少、失效时，台灯分别出现什么故障现象？

项目四　集成运算放大器与正弦波信号发生器

任务1　信号运算电路的装配与调试

任务引入

集成运算放大器(简称集成运放),是模拟集成电路中应用最广泛的一种,最早用于模拟计算机,对输入信号进行模拟运算,并由此而得名。集成运算放大器作为基本运算单元,可以完成加减、乘除、积分和微分等数学运算。随着近年来集成电路的飞速发展,集成运算放大器已经作为电子线路的基本元器件,在自动控制、数据测量、通信、信号变换等电子技术领域广泛运用。

本任务主要介绍理想集成运算放大器及其特性,比例运算、加减运算电路的组成及工作原理分析,比例运算电路的组装及调试方法。

相关知识

1. 集成运算放大器的基本概念

(1)集成运算放大器的组成及电路符号

集成运算放大器是一个具有高放大倍数的直接耦合的多级放大器。它的外形及电路符号如图4-1所示。在两个输入端中,"－"为反相输入端,表示输入信号与输出信号相位相反,电压用 u_- 表示;"＋"为同相输入端,表示输入信号与输出信号相位相同,电压用 u_+ 表示;输出端的"＋"表示输出电压为正极性,输出端电压用 u_o 表示。

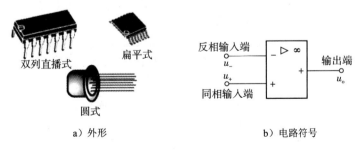

a）外形　　　　　　　　　　　　　b）电路符号

图 4-1　集成运放的外形与电路符号

电路符号中的"▷"表示信号的传输方向,"∞"表示在理想条件下开环放大倍数为无限大。

集成运放的外引脚排列因型号而异,使用时可参考产品手册。常用的集成运放 CF741
和 LM324 都是双列直插式的,其引脚排列如图 4-2 所示,其中 LM324 是由四个独立的通
用型集成运放集成在一起组成的。

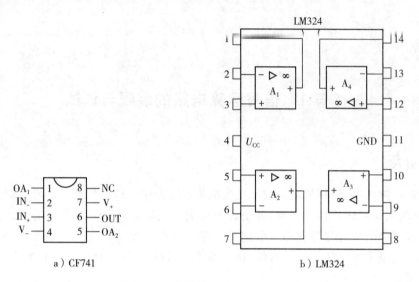

图 4-2 集成运放的引脚排列图

(2)集成运放的主要技术指标

集成运放的主要技术指标是选择和使用集成运放的依据,了解各项技术指标的含义,对
于正确选择和使用集成运放是非常必要的。

1)开环差模电压放大倍数 A_{od}:A_{od} 是集成运放在开环时(无外加反馈时)输出电压与输
入差模信号电压值比,常用分贝表示。这个值越大越好,目前最高的可达 140dB(10^7 倍)
以上。

2)输入失调电压 U_{os} 及其温漂 dU_{os}/dt:理想情况下,集成运放的输入级完全对称,能够
达到输入电压为零时输出电压亦为零,然而实际上并非如此理想,当输入电压为零时输出电
压并不为零。若在输入端外加一个适当的补偿电压使输出电压为零,则外加的这个补偿电
压称之为输入失调电压 U_{os}。U_{os} 越小越好。高质量的集成运放可达 1mV 以下。

另外,U_{os} 的大小还受到温度的影响。因此,将输入失调电压对温度的变化率 dU_{os}/dt 称
为输入失调电压的温漂(或温度系数),用来表征 U_{os} 受温度变化的影响程度。单位为
$\mu V/℃$。一般集成运放其值为 $1\sim50\mu V/℃$,高质量的可达 $0.5\mu V/℃$ 以下,显然,这项指标
值越小越好。

3)输入失调电流 I_{os} 及其温漂 dI_{os}/dt:I_{os} 用来表征集成运放输入级两输入端的输入电
流不对称所造成的影响。由于静态时两输入电流不对称,会造成输出电压不为零,因此 I_{os}
越小越好。

I_{os} 的大小还受到温度的影响。规定输入失调电流对温度的变化率 dI_{os}/dt 为输入失调
电流的温漂(或温度系数),用来表征 I_{os} 受温度变化的影响程度。单位为 $nA/℃$,一般集成
运放其值为 $1\sim5nA/℃$,高质量的可达 $pA/℃$ 数量级。

4）输入偏置电流 I_B：I_B 为常温下输入信号为零时，两输入端静态电流的平均值，即 $I_B=(I_{B1}+I_{B2})/2$。它是衡量输入端输入电流绝对值大小的标志。I_B 太大，不仅在不同信号源内阻的情况下对静态工作点有较大影响，而且也影响温漂和运算精度。一般为几百纳安，高质量的为几个纳安。

5）差模输入电阻 r_{id}：r_{id} 是集成运放两输入端之间的动态电阻，以 $r_{id}=\triangle u_{id}/\triangle i_i$ 表示。它是衡量两输入端从输入信号源索取电流大小的标志。一般为 MΩ 数量级。高质量的可达 10^6 MΩ。

6）输出电阻 r_o：r_o 是集成运放开环工作时，从输出端向里看进去的等效电阻，其值越小，说明集成运放带负载的能力越强。

7）共模抑制比 K_{CMR}：一般将差模电压放大倍数与共模电压放大倍数之比的绝对值称为共模抑制比，通常用 K_{CMR} 表示，即 $K_{CMR}=|A_{od}/A_{oc}|$，若以分贝表示，则 $K_{CMR}=20\lg|A_{od}/A_{oc}|$。该值越大越好，一般为 80～100 dB，高质量的可达 160 dB。

8）最大差模输入电压 U_{idm}：U_{idm} 是指同相输入端和反相输入端之间所能承受的最大电压值。所加电压若超过此值，则可能使输入级的三极管反向击穿而损坏。

9）最大共模输入电压 U_{icm}：U_{icm} 是集成运放在线性工作范围内所能承受的最大共模输入电压。若超过这个值，则集成运放会出现 K_{CMR} 下降、失去差模放大能力等问题。高质量的可达正负十几伏。

2. 理想集成运放及其分析方法

在分析集成运放组成的各种电路时，将实际集成运放作为理想运放来处理，并分清它的工作状态是线性区还是非线性区，是十分重要的。

（1）理想运算放大器

理想运算放大器满足以下各项技术指标：

1）开环差模电压放大倍数 $A_{od}=\infty$；

2）输入电阻 $r_{id}=\infty$；

3）输出电阻 $r_{od}=0$；

4）共模抑制比 $K_{CMR}=\infty$；

5）失调电压、失调电流及它们的温漂均为 0；

6）带宽 $f_h=\infty$

尽管真正的理想运算放大器并不存在，但实际集成运放的各项技术指标与理想运放的指标非常接近，差距很小，可满足实际工程计算的需要。因此，在实际应用中，都将集成运放理想化，以使分析过程大为简化。本书中所涉及的集成运放都按理想器件来考虑。

（2）集成运放线性区与非线性区

在分析应用电路的工作原理时，必须分清集成运放是工作在线性区还是非线性区。工作在不同的区域，所遵循的规律是不相同的。

1）线性区

当理想运放工作于线性（放大）区时，利用它的理想参数可以导出两条重要法则：

① 同相输入端电位与反相输入端电位相等。

这是因为在线性区内，$u_o=A_{od}(u_+-u_-)$；由于输出电压 u_o 为有限值，而 $A_{od}=\infty$，故

$u_+ - u_- = 0$。

即
$$u_+ = u_- \qquad\qquad (4-1)$$

上式说明,理想运放工作于线性区时,其同相端的电位等于反相端的电位。这一性质好像同相端与反相端连在一起,但实际上并没有连在一起,故称为"虚短"。

利用"虚短"概念可推知:若两输入端一个接地,则另一个输入端的电位也将为 0,好像该端亦接地一样,故称为"虚地"。虚地是"虚短"的一个特例。

②理想运放的两输入端不取用电流。

由理想运放的输入电阻 $r_{id} = \infty$,可知其输入电流等于零,即
$$i_{i+} = i_{i-} = 0 \qquad\qquad (4-2)$$

上式说明,理想运放的两个输入端输入电流为 0,好像两个输入端断路,但实际上并没有断路,这一特性称为"虚断"。

利用理想运放"虚短"和"虚断"这两条法则,再加上其他电路条件,可以较方便地分析和计算各种工作在线性区的集成运放应用电路。因此,上面两个法则是非常重要的。

2)非线性区

由于集成运放的开环电压放大倍数 A_{od} 很大,所以当它工作在开环状态(即未接深度负反馈)或加有正反馈时,只要有差模信号输入,哪怕是微小的电压信号,集成运放都将进入非线性区,其输出电压不再遵循 $u_o = A_{od}(u_+ - u_-)$ 的规律,而是立即达到正向饱和电压 U_{om} 或负向饱和电压 $-U_{om}$。U_{om} 和 $-U_{om}$ 在数值上接近集成运放的正、负电源电压值。

对于理想运放来说,工作在非线性区时,可有以下两条结论:

①输入电压 u_+ 和 u_- 可以不相等,输出电压 u_o 非正向饱和,即负向饱和。也就是说,当 $u_+ > u_-$ 时,$u_o = U_{om}$;当 $u_+ < u_-$ 时,$u_o = -U_{om}$;而当 $u_+ = u_-$ 时,是两种状态的转折点。

②输入电流为零,即
$$i_+ = i_- = 0$$

可见,"虚断"在非线性区仍然成立。

3. 基本运算电路

集成运放外加不同的反馈网络(反馈电路),可以实现比例、加法、减法、积分、微分、对数、指数等多种基本运算。这里主要介绍比例、加法、减法的运算。由于对模拟量进行上述运算时,要求输出信号反映输入信号的某种运算结果,这就要求输出电压在一定范围内随输入信号电压的变化而变化。故集成运放应工作在线性区,且在电路中必须引入深度负反馈。

(1)比例运算

1)反相比例运算

反相比例运算电路(又称为反相输入放大器)的基本形式如图 4-3 所示。它实际是一个深度的电压并联负反馈放大器,输入信号 u_i 经电阻 R_1 加至集成运放反相输入端,反馈支路由 R_f 构成,将输出电压 u_o 反馈至反相输入端。

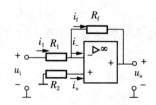

图 4-3 反相比例运算电路

利用集成运放的两条重要法则"虚短"、"虚断",可以很容易地分析和计算反相比例运算电路的比例系数(电压放大倍数)。

在反相比例运算放大电路中,由"虚断"概念可知,理想集成运放的 $i_+ = i_- = 0$,所以 R_2 上无电压降,即 $u_+ = 0$,即集成运放的同相输入端"虚地"。再由"虚短"概念,可知 $u_- = u_+ = 0$,所以

$$i_f = \frac{u_- - u_o}{R_f} = -\frac{u_o}{R_f}$$

由 $i_- = 0$ 和"虚地"得

$$i_1 = i_f$$

以及

$$i_1 = \frac{u_i - u_-}{R_1} = \frac{u_i}{R_1}$$

所以

$$\frac{u_i}{R_1} = -\frac{u_o}{R_f}$$

即

$$u_0 = -\frac{R_f}{R_1} u_i$$

或

$$A_{uf} = \frac{u_o}{u_i} = -\frac{R_f}{R_1} \tag{4-3}$$

式(4-3)表明,集成运放的输出电压与输入电压之间成反比例关系,比例系数(即电路的闭环电压放大倍数)仅决定于反馈电阻 R_f 与输入电阻 R_1 的比值 R_f/R_1,而与运放本身的参数无关。当选用不同的 R_1 和 R_f 电阻值时,就可以方便的改变这个电路的闭环电压放大倍数。式(4-3)中的负号表示输出电压与输入电压反相。当选取 $R_f = R_1 = R$ 时

$$A_{uf} = \frac{u_o}{u_i} = -\frac{R_f}{R_1} = -1 \tag{4-4}$$

即输出电压与输入电压大小相等、相位相反,这种电路称为反相器。

在电路中,同相输入端与地之间接有一个电阻 R_2,这个电阻是为了保持集成运放电路静态平衡而设置的。即保持在输入信号电压为零时,输出电压亦为零。R_2 称为平衡电阻,要求 $R_2 = R_1 // R_f$。

2)同相比例运算:同相比例运算电路(又称为同相输入放大器)的基本形式如图 4-4 所示。它实际上是一个深度的电压串联负反馈放大器。输入信号 u_i 经电阻 R_2 加至

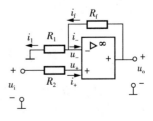

图 4-4　同相比例运算电路

集成运放同相输入端,反馈电阻 R_f 将输出电压 u_o 反馈至反相输入端。即输出电压经反馈电阻 R_f 与 R_1 分压,取 R_1 上的电压作为反馈电压加到反相输入端。

同样,利用"虚短"、"虚断"概念可分析其比例系数(闭环电压放大倍数)。

由"虚断"可知

$$i_+ = i_- = 0$$

故

$$i_1 = i_f$$

由"虚短"及 $i_+ = 0$ 得

$$u_- = u_+ = u_i$$

由图 4-4 可列出方程,即

$$i_1 = \frac{u_- - 0}{R_1} = \frac{u_i}{R_1}$$

$$i_f = \frac{u_o - u_-}{R_f} = \frac{u_o - u_i}{R_f}$$

两者相等并整理得

$$u_o = \left(1 + \frac{R_f}{R_1}\right) u_i$$

所以闭环电压放大倍数为

$$A_{uf} = \frac{u_o}{u_i} = 1 + \frac{R_f}{R_1} \tag{4-5}$$

式(4-5)表明,集成运放的输出电压与输入电压之间成正比例关系,比例系数(即闭环电压放大倍数)仅决定于反馈网络的电阻值 R_f 和 R_1,而与集成运放本身的参数无关。A_{uf} 为正值,表示输出电压与输入电压同相。当 $R_f = 0$(反馈电阻短路)和(或)$R_1 = \infty$(反相输入端电阻开路)时,$A_{uf} = 1$,这时 $u_o = u_i$,输出电压等于输入电压。因此,把这种集成运放电路称为电压跟随器,它是同相输入放大器的特例,如图 4-5 所示。

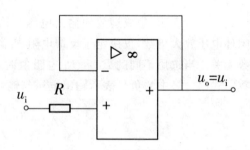

图 4-5 电压跟随器

(2)加法运算与减法运算

1)反相加法运算

反相加法运算电路如图 4-6 所示。它是反相输入端有三个输入信号的加法电路,是利用反相比例运算电路实现的。与反相比例运算电路相比,这个反相加法电路只是增加了两个输入支路。另外,平衡电阻 $R_4 = R_1 // R_2 // R_3 // R_f$。

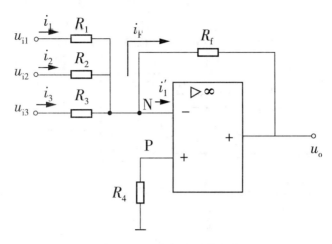

图 4 - 6　反相加法运算电路

根据集成运放反相输入端虚断可知，$i_f = i_1 + i_2 + i_3$；而根据集成运放反相运算时反相输入端虚地可得，$u_- = 0$。因此，由图可得

$$-\frac{u_o}{R_f} = \frac{u_{i1}}{R_1} + \frac{u_{i2}}{R_2} + \frac{u_{i3}}{R_3}$$

故可求得输出电压为

$$u_o = -R_f\left(\frac{u_{i1}}{R_1} + \frac{u_{i2}}{R_2} + \frac{u_{i3}}{R_3}\right) \tag{4-6}$$

由式(4-6)可见，实现了反相加法运算。若 $R_f = R_1 = R_2 = R_3$，则 $u_o = -(u_{i1} + u_{i2} + u_{i3})$。通过适当选配电阻值，可使输出电压与输入电压之和成正比，从而完成加法运算。相加的输入信号数目可以增至 $5\sim6$ 个。这种电路在调节某一路输入端电阻时并不影响其他路信号产生的输出值，因此调节方便，使用得较多。

2）同相加法运算

同相加法运算电路如图 4-7 所示。它是同相输入端有两个输入信号的加法电路，是利用同相比例运算电路实现的。与同相比例运算电路相比，这个同相加法电路只是增加了一个输入支路。

为使直流电阻平衡，要求：$R_2 // R_3 // R_4 = R_1 // R_f$。

根据集成运放同相端虚断，应用叠加原理可求取 u_+，即

$$u_+ = \frac{R_3 // R_4}{R_2 + R_3 // R_4} u_{i1} + \frac{R_2 // R_4}{R_3 + R_2 // R_4} u_{i2}$$

根据同相比例运算 u_o 与 u_+ 的关系式可得

$$u_o = \left(1 + \frac{R_f}{R_1}\right) u_+ = \left(1 + \frac{R_f}{R_1}\right)\left(\frac{R_3 // R_4}{R_2 + R_3 // R_4} u_{i1} + \frac{R_2 // R_4}{R_3 + R_2 // R_4} u_{i2}\right) \tag{4-7}$$

由式(4-7)可见，实现了同相加法运算。若 $R_2 = R_3 = R_4$，$R_f = 2R_1$，则式(4-7)可简化为 $u_o = u_{i1} + u_{i2}$。这种电路在调节某一路输入电阻时会影响其他路信号产生的输出值，因此

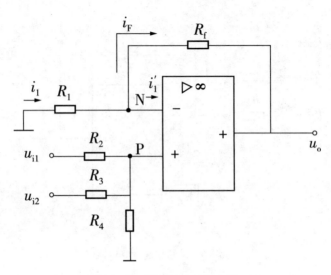

图 4 - 7　同相加法运算电路

调节不方便。

3)减法运算。减法运算电路如图 4 - 8 所示。

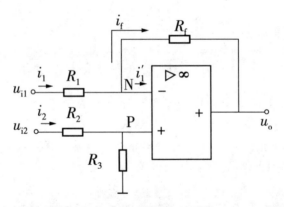

图 4 - 8　减法运算电路

图 4 - 8 中,输入信号 u_{i1} 和 u_{i2} 分别加至反相输入端和同相输入端。对该电路也可用"虚短"和"虚断"的特点来分析,下面应用叠加定理根据同、反相比例运算电路已有的结论进行分析,这样可使分析更简便。首先,设 u_{i1} 单独作用,而 $u_{i2}=0$,此时电路相当于一个反相比例运算电路,可得 u_{i1} 产生的输出电压 u_{o1} 为

$$u_{o1} = -\frac{R_f}{R_1} u_{i1}$$

再设由 u_{i2} 单独作用,而 $u_{i1}=0$,则电路变为以同相比例运算电路,可求得 u_{i2} 产生的输出电压 u_{o2} 为

$$u_{o2} = \left(1+\frac{R_f}{R_1}\right) u_+ = \left(1+\frac{R_f}{R_1}\right)\frac{R_3}{R_2+R_3} u_{i2}$$

因此可求得总输出电压为

$$u_\mathrm{o} = u_\mathrm{o1} + u_\mathrm{o2} = -\frac{R_\mathrm{f}}{R_1}u_\mathrm{i1} + \left(1 + \frac{R_\mathrm{f}}{R_1}\right)\frac{R_3}{R_2 + R_3}u_\mathrm{i2} \tag{4-8}$$

当 $R_1 = R_2$，$R_\mathrm{f} = R_3$ 时，

$$u_\mathrm{o} = \frac{R_\mathrm{f}}{R_1}(u_\mathrm{i2} - u_\mathrm{i1}) \tag{4-9}$$

当 $R_\mathrm{f} = R_1$，则 $u_\mathrm{o} = u_\mathrm{i2} - u_\mathrm{i1}$，从而实现了减法运算。

任务实施

1. 实训电路

比例运算应用电路原理图如图 4-9 所示。

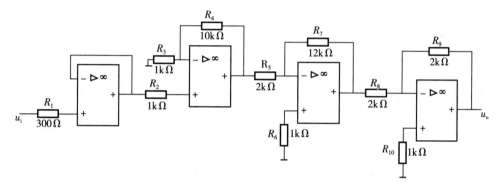

图 4-9　比例运算应用电路原理图

2. 器件、器材

实训需要设备：直流稳压电源（正、负双电源）、函数信号发生器、示波器、交流毫伏表、万用表、电烙铁和工具等，所需元器件如表 4-1 所示。

表 4-1　比例运算应用电路元器件(材)明细表

序号	名称	元件标号	型号规格	数量
1	碳膜电阻器	R_1	300Ω	1
2	碳膜电阻器	R_2	1kΩ	1
3	碳膜电阻器	R_3	1kΩ	1
4	碳膜电阻器	R_4	10kΩ	1
5	碳膜电阻器	R_5	2kΩ	1
6	碳膜电阻器	R_6	1kΩ	1
7	碳膜电阻器	R_7	12kΩ	1
8	碳膜电阻器	R_8	2kΩ	1

(续表)

序号	名称	元件标号	型号规格	数量
9	碳膜电阻器	R_9	2kΩ	1
10	碳膜电阻器	R_{10}	1kΩ	1
11	集成运放	IC	CF741	1
12	8 脚集成电路插座			1
13	万能电路板			
14	ϕ0.8mm 镀锡铜丝			
15	焊料、助焊剂			
16	多股软导线			

3. 装配要求

按照装配电路原理图装配电路,装配工艺要求:

(1)电阻器均采用水平安装,要求贴紧电路板,电阻器的色环方向应一致。

(2)集成电路插座焊在电路板上,底部贴紧电路板,注意管脚应正确。

(3)集成运放不要直接焊在电路板上,应插接在焊好的集成电路插座上,注意管脚应正确。

(4)布线正确,焊点合格,无漏焊、虚焊、短路现象。

4. 自检

装配完成后应首先进行自检,正确无误后才能进行调试。

(1)焊接检查:焊接结束后,首先检查电路有无漏焊、错焊、虚焊等问题。检查时可用尖嘴钳或镊子将每个元件拉一拉,看有无松动,如果发现有松动现象,应重新焊接。

(2)元器件检查:检查集成运放管脚有无接错,用万用表欧姆挡检查管脚有无短路、开路等问题。

(3)接线检查:对照装配电路原理图检查接线是否正确,有无接错、是否有碰线、短路现象。应重点检查集成运放输出端、电源端和接地端,这几个端子之间不能短路,否则将损坏器件和电源。发现问题应及时纠正。

5. 调试要求及方法

(1)经上述检查确认没有错误后,将稳压电源输出的正、负 12V 直流电源与电路的正、负电源端相连接,并认真检查,确保直流电源正确、可靠地接入电路,然后接通直流电源。

(2)将低频信号发生器"频率"调为 100Hz,输出信号电压调为 50mV,输入至测试电路的输入端。

(3)将双通道示波器 Y 轴输入分别与测试电路的输入、输出端连接,接通示波器电源,调整示波器使输入、输出电压波形稳定显示(1~3 个周期)。

(4)读取输入、输出电压波形的峰—峰值,计算电压放大倍数。将结果填入表 4-2 中。

表 4-2 电路测试表($U_i = 50mA, f = 100Hz$)

$U_i(V)$	$U_o(V)$	u_i 波形	u_0 波形	A_U	
				实测值	计算值

(5)分别观察电压跟随器、同相比例运算电路、反相比例运算电路和反相器的输出波形，观察输入、输出波形的相位变化。将结果填入表 4-3 中。

表 4-3 测量结果

测量电路	$U_i(V)$	$U_o(V)$	A_U	相位差
电压跟随器				
同相比例运算电路				
反相比例运算电路				
反相器				

6. 检查评议

评分标准见表 4-4。

表 4-4 评分标准

序号	项目内容	评分标准	分值	扣分	得分
1	元器件安装	元器件不按规定方式安装，扣 10 分 元器件极性有一处安装错误，扣 10 分 布线不合理，扣 10 分	30		
2	焊接	焊点有一处不合格，扣 2 分 剪脚留头长度有一处不及格，扣 2 分	10		
3	测试	1. 关键点电压不正常，扣 10 分 2. 放大倍数测量错误，扣 10 分 3. 相位观察错误，扣 10 分 4. 仪器仪表使用错误，扣 10 分	40		
4	安全文明操作	1. 不爱护仪器设备，扣 10 分 2. 不注意安全，扣 10 分	20		
5	合计		100		
6	时间	90min			

习 题

一、填空题

1. 集成运放有两个输入端,一个为( )输入端,另一个为( )输入端,有一个输出端以及电源端等。

2. 在以下集成运放的诸参数中,在希望越大越好的参数旁注明"↑",反之则注明"↓"。

A_{od}( ),K_{CMR}( ),r_{id}( ),I_B( ),r_o( ),U_{idm}( ),U_{icm}( ),U_{os}( ),dU_{os}/dt( ),I_{os}( ),dI_{os}/dt( )。

3. 理想集成运放的两条重要法则,一是( )法则,二是( )法则。

4. 反相比例运算电路的比例系数是( ),同相比例运算电路的比例系数是( )。

5. 集成运放的电压传输特性分为( )区和( )区。

6. 将图 4-10 中的电阻( )开路,电阻( )短路,电路即构成电压跟随器。

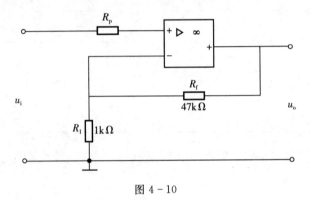

图 4-10

二、判断题

1. 集成运放工作在线性区,电路一定存在有深度负反馈。( )

2. 集成运放工作在非线性区,电路一定存在有深度负反馈。( )。

3. 反相比例运算电路可根据虚地的概念进行分析。( )

4. 在反相比例运算电路中,当 $R_f=0$ 时,其电压放大倍数为无限大。( )

5. 同相比例运算电路可根据虚短的概念进行分析。( )

6. 集成运放的正、负电源极性可接反使用。( )

7. 集成运放运算电路静态调试时应将输入端对地短路。( )

三、选择题

1. 集成运放的作用是( )。
   A. 功率放大   B. 输出较大电阻   C. 实现电压放大   D. 提高输出电流

2. 反相比例运算电路中,当 $R_f=R_1$ 时,比例系数是( )。
   A. 无限大   B. -1   C. 20   D. 15

3. 同相比例运算电路中,当 $R_f=R_1$ 时,比例系数是( )。
   A. 无限大   B. 1   C. 2   D. 15

4. 同相比例运算电路中存在有( )。
   A. 正反馈   B. 没有反馈   C. 电压串联负反馈   D. 电流反馈

5. 反相比例运算电路中存在有( )。
   A. 正反馈   B. 没有反馈   C. 电压并联负反馈   D. 电流反馈

6. 集成运放工作在线性区时有(　　)。

A. $U_+ = U_-$　　　　　B. $U_+ \neq U_-$　　　　　C. $U_+ > U_-$　　　　　D. $U_+ < U_-$

7. 集成运放工作在非线性区时有(　　)。

A. $U_+ = U_-$　　　　　B. $U_+ \neq U_-$　　　　　C. $U_+ > U_-$　　　　　D. $U_+ < U_-$

8. 集成运放工作在非线性区时,当 $U_+ > U_-$ 有(　　)。

A. $U_o = +U_{om}$　　　B. $U_o = -U_{om}$　　　C. $U_o = -U_{cc}$　　　D. 20

9. 理想集成运放的开环放大倍数(　　)。

A. 较大　　　　　　B. 很小　　　　　　C. 一般　　　　　　D. 无限大

四、计算题

1. 在反相比例运算电路中,已知:$R_f = 20k\Omega$,$R_1 = 10k\Omega$,求电压放大倍数。

2. 在同相比例运算电路中,已知:$R_f = 20k\Omega$,$R_1 = 10k\Omega$,求电压放大倍数。

任务 2　正弦波信号发生器的装配与调试

任务引入

能够产生多种波形,如正弦波、三角波、锯齿波、矩形波(含方波)的电路称为函数信号发生器。它是各种测试和实验过程中不可缺少的工具,在通信、测量、雷达、控制、科研、教育等领域应用十分广泛。本任务主要介绍正弦波振荡的基本概念,正弦波振荡电路的组成及工作原理,RC 桥式正弦波振荡电路的装配与调试方法。

相关知识

1. 正弦波振荡的概念

放大电路在没有输入信号时,接通电源就有稳定的正弦波信号输出,这种电路称为正弦波振荡电路。

2. 正弦波振荡电路的组成原则

正弦波振荡电路由四部分组成。

(1)放大电路

放大电路是维持振荡电路连续工作的主要环节,没有放大,不可能产生持续的振荡。要求放大电路必须有能量供给,结构合理,静态工作点合适,具有放大的作用。

(2)反馈网络

反馈网络的作用是形成反馈(主要是正反馈)信号,为放大电路提供维持振荡的输入信号,是振荡电路维持振荡的主要环节。

(3)选频网络

选频网络的主要作用是保证电路能产生单一频率的振荡信号,一般情况下这个频率就是振荡电路的振荡频率。在很多振荡电路中,选频网络和反馈网络结合在一起。

(4)稳幅电路

稳幅电路的作用主要是使振荡信号幅值稳定,以达到稳幅振荡。

3.RC 桥氏正弦波振荡电路

(1)电路组成

集成运放构成的 RC 桥氏正弦波振荡电路如图 4-11 所示。

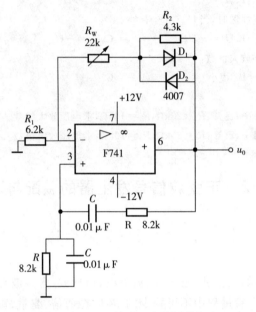

图 4-11　RC 桥氏正弦波振荡电路

图中 RC 串、并联网络构成正反馈支路,同时兼作选频网络,(由于 RC 串、并联网络构成成一个四臂电桥,所以又称为 RC 桥氏正弦波振荡电路),R_1、R_2、R_3 及二极管等元器件构成负反馈和稳幅环节。调节 R_W 可以改变负反馈深度,以满足振荡的振幅平衡条件和改善波形。

(2)RC 串、并联网络的选频特性

将图 4-11 中的 RC 串、并联网络单独画出如图 4-12(a)所示。

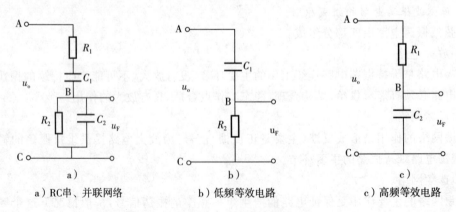

　　　　a)　　　　　　　　b)　　　　　　　　c)

a)RC串、并联网络　　　b)低频等效电路　　　c)高频等效电路

图 4-12　RC 串、并联网络及等效电路

假定幅度恒定的正弦信号电压 u_0 从 A、C 两端输入,反馈电压 u_F 从 B、C 两端输出。下面分析电路的幅频特性和相频特性。

1)反馈电压 u_F 的幅频特性:反馈网络的输出信号 u_F 的幅值随输入信号 u_0 的频率变化而发生变化的关系称为幅频特性。

当输入信号频率较低时,电容 C_1、C_2 的容抗均很大。在 R_1、C_1 串联部分,$1/2\pi fC_1 \gg R_1$,因此 R_1 可忽略;在 R_2、C_2 并联部分,$1/2\pi fC_2 \gg R_2$,因此 C_2 可忽略。此时,图 4-12(a)所示的低频等效电路如图 4-12(b)所示,频率越低,C_1 容抗越大,R_2 分压越小,反馈输出电压 u_F 越小。

当输入信号频率较高时,电容 C_1、C_2 的容抗均很小。在 R_1、C_1 串联部分,$R_1 \gg 1/2\pi fC_1$,因此 C_1 可忽略;在 R_2、C_2 并联部分,$R_2 \gg 1/2\pi fC_2$,因此 R_2 可忽略。此时,图 4-12(a)所示的高频等效电路如图 4-12(c)所示,频率越高,C_2 容抗越小,R_1 分压越小,反馈输出电压 u_F 越小。

RC 串、并联电路的幅频特性曲线如图 4-13(a)所示。从图中可以看出,只有在谐振频率 f_0 处,输出电压幅值最大。偏离这个频率,输出电压幅值迅速减小。

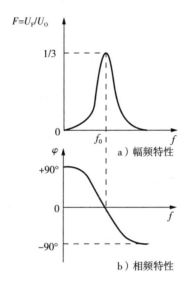

图 4-13 RC 串、并联网络的频率特性曲线

2)反馈电压 u_F 的相频特性:由上面的分析可知,当信号频率低到接近零时,C_1、C_2 的容抗均很大,在低频等效电路中 $1/2\pi fC_1 \gg R_2$,电路接近纯电容电路,电路电流的相位将超前于输入电压 u_0 的相位90°。因此,反馈输出电压 u_F 的相位也将超前于 u_0 的相位90°。随着信号频率的升高,相位角相应减小,当频率升高到谐振频率 f_0 时,相位角 φ 减小到零,u_F 与 u_0 同相位。如果信号频率升高到接近于无限大时,C_1、C_2 的容抗均很小,在高频等效电路中 $R_1 \gg 1/2\pi fC_2$,电路接近于纯电阻电路,电路的电流与输入电压 u_0 同相位。因此,反馈输出电压 u_F 的相位将滞后于 u_0 的相位90°。u_F 与 u_0 之间的相位差随频率的变化关系,称为 RC 串、并联电路的相频特性,其相频特性曲线如图 4-13(b)所示。

由以上分析可知:当信号频率 f 等于 RC 串、并联网络的谐振频率 f_0 时,输出电压 u_F 幅值最大,且与输入信号 u_0 同相位,这就是 RC 串、并联网络的选频特性。

当 $R_1 = R_2 = R$,$C_1 = C_2 = C$ 时,RC 串、并联网络的谐振频率 f_0 为

$$f_0 = \frac{1}{2\pi RC} \qquad\qquad (4-10)$$

振荡电路起振的幅值条件

$$\frac{R_F}{R_1} > 2 \qquad\qquad (4-11)$$

式中：$R_F = R_P + R_2 // r_D$；r_D 是二极管正向导通电阻。

改变选频网络的参数 C 或 R，即可调节振荡频率。一般采用改变电容 C 作频率量程切换，而调节 R 作量程内的频率细调。

任务实施

1. 实训电路

RC 桥氏正弦波振荡电路原理图如图 4-11 所示。

2. 器件、器材

常用电子组装工具一套、双通道示波器一台、直流稳压电源（正、负双电源）一台、交流毫伏表一只、万用表一只，所需元器如表 4-5 所示。

表 4-5 RC 桥氏正弦波振荡电路元器件（材）明细表

序号	名称	元件标号	型号规格	数量
1	碳膜电阻器	R_1	$6.2\text{k}\Omega$	1
2	碳膜电阻器	R_2	$4.3\text{k}\Omega$	1
3	可变电阻器	R_w	$22\text{k}\Omega$	1
4	碳膜电阻器	R	$8.2\text{k}\Omega$	2
5	无极性电容器	C	$0.01\mu\text{F}$	2
6	二极管	D_1	1N4007	1
7	二极管	D_2	1N4007	1
11	集成运放		CF741	1
12	8 脚集成电路插座			1
13	万能电路板			
14	$\phi 0.8\text{mm}$ 镀锡铜丝			
15	焊料、助焊剂			
16	多股软导线			

3. 装配要求

按照装配电路原理图装配电路，装配工艺要求：

（1）电阻器均采用水平安装，要求贴紧电路板，电阻器的色环方向应一致。

（2）电容采用垂直安装，底部离电路板约 5mm。

（3）集成电路插座焊在电路板上，底部贴紧电路板，注意管脚应正确。

（4）集成运放不要直接焊在电路板上，应插接在焊好的集成电路插座上，注意管脚应正确。

（5）布线正确，焊点合格，无漏焊、虚焊、短路现象。

4. 自检

装配完成后应首先进行自检，正确无误后才能进行调试。

（1）焊接检查：焊接结束后，首先检查电路有无漏焊、错焊、虚焊等问题。检查时可用尖嘴钳或镊子将每个元件拉一拉，看有无松动，如果发现有松动现象，应重新焊接。

（2）元器件检查：检查集成运放管脚有无接错，用万用表欧姆挡检查管脚有无短路、开路等问题。

（3）接线检查：对照电路原理图检查接线是否正确，有无接错、是否有碰线、短路现象。应重点检查集成运放输出端、电源端和接地端，这几个端子之间不能短路，否则将损坏器件和电源。发现问题应及时纠正。

5. 调试要求及方法

（1）经上述检查确认没有错误后，将稳压电源输出的正、负 12V 直流电源与电路的正、负电源端相连接，并认真检查，确保直流电源正确、可靠地接入电路。

（2）调节电位器 R_w，使输出波形从无到有，从正弦波到出现失真。描绘 u_0 的波形，记下临界起振及正弦波输出失真情况下 R_w 值，分析负反馈强弱对起振条件及输出波形的影响。

（3）调节电位器 R_w，使输出电压 u_0 幅值最大且不失真，用交流毫伏表分别测量输出电压 u_0，反馈电压 U_+ 和 U_-，分析研究振荡的幅值条件。

（4）用示波器测量振荡频率 f_0，然后在选频网络的两个电阻 R 上并联同一阻值电阻，观察记录振荡频率的变化情况，并与理论值进行比较。

（5）断开二极管 D_1、D_2，重复（3）的内容，将测试结果与（3）进行比较，分析二极管 D_1、D_2 的稳幅作用。

习　题

一、填空题。

1. 正弦波振荡的条件有（　　）和（　　）。

2. 正弦波振荡电路的组成有（　　）和（　　）以及反馈电路和稳幅电路。

3. 在集成运放组成的正弦波振荡电路中振荡频率是（　　），起振条件是（　　）。

二、判断题。

1. 正弦波振荡电路只要满足正反馈就一定能振荡。（　　）

2. 正弦波振荡电路选频网络的主要作用是产生单一频率的振荡信号。（　　）

3. 在 RC 桥式正弦波振荡器中，振荡频率只由选频电路的参数决定。（　　）

三、选择题。

1. 在 RC 桥式正弦波振荡电路中，起振条件为（　　）。

　　A. $A>1$　　　　　　B. $A=1$　　　　　　C. $A>3$　　　　　　D. $A=3$

2. 正弦波振荡的振幅平衡条件是(   )。

    A. $AF=0$ B. $AF=1$ C. $AF<1$ D. $AF=2$

3. 在 RC 桥式正弦波振荡器中，当振荡频率 $f=f_0$ 时，反馈系数为(   )。

    A. $F=1/3$ B. $F=2/3$ C. $F<1/3$ D. $F>1/3$

四、在 RC 桥式正弦波振荡电路中，已知：$R=2\text{k}\Omega$，$C=47\mu\text{F}$，求振荡频率 $f_0=$？

项目五　逻辑门电路

任务 1　基本逻辑门电路的装配与调试

任务引入

逻辑门电路是最简单、最基本的数字单元电路。在数字电路中,任何复杂的组合逻辑电路和时序逻辑电路都可用逻辑门电路通过适当的组合连接而成。随着集成电路技术的发展,各种基本门电路和复合门电路种类齐全,为我们的使用提供了极大的方便。因此,掌握逻辑门的工作原理,熟练且灵活地使用逻辑门是数字技术工作者所必备的基本功能之一。

本任务主要介绍数字电路的特点、三种基本逻辑关系、三种基本门电路组成及其逻辑符号和工作原理、真值表的列写方法、三种基本门电路的装配与调试方法。

相关知识

1. 数字电路的基本概念

电子电路中的电信号可分为两种类型:模拟信号和数字信号。模拟信号是指那些在时间上和数值上都是连续变化的电信号。例如模拟声音、温度或压力等物理量变化的电压信号,它们的特点都是连续变化的。模拟信号的波形如图 5 - 1(a)所示。数字信号则是一种离散信号,它的变化在时间上和数值上都是不连续的。例如电子表的秒信号,产品计数器的计数信号等,变化波形如图 5 - 1(b)所示。

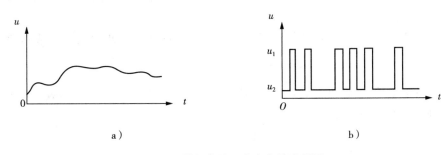

a)　　　　　　　　　　　　　　　　　b)

图 5 - 1　模拟信号和数字信号波形图

模拟电路就是处理模拟信号的电路。数字电路就是处理数字信号的电路。所谓"处理",就是根据需要对电信号进行放大、调制、滤波和算术运算、逻辑运算等。放大、调制、滤波等处理方法一般适用于对模拟电信号的处理,而算术运算、逻辑运算等处理方法一般适用于对数字电信号的处理。算术运算:对两个以上的信号进行加、减、乘、除的算术加工。逻辑运算:对数字信号进行与、或、非及其他逻辑关系的加工处理。数字电路的工作原理主要是对输入信号进行逻辑运算。在数字电路中,我们主要着重于信号之间逻辑关系的研究,因此数字电路又称为逻辑电路。

2. 数字电路的特点

(1)数字电路的工作信号是数字信号,它是突变的电压或电流,只有两个可能的状态,"有"或是"无"、高电平或是低电平,没有中间状态存在。而实际中的"高""低"电压又代表了逻辑关系中的两种相互对立的状态,为了表示方便,我们往往习惯利用数字"1"和"0"来表示这两种相互对立的状态。如果用 1 表示高电平,用 0 表示低电平,这种表示方法则称为正逻辑体制;反之,则是负逻辑体制;本书采用的均为正逻辑。例如:如果高电平对应二极管的导通状态,低电平则对应二极管的截止状态。

(2)数字电路的基本单元电路比较简单,对元器件的精度要求也不太严格,有利于电路的集成和大批量生产,它具有使用方便、可靠性高、价格低廉等优点。

(3)在数字电路中,重点研究输入信号和输出信号之间的逻辑关系。

(4)数字电路功能的表示方法常采用功能表、真值表、逻辑函数式、特性方程以及状态图等。

3. 逻辑关系

所谓逻辑,是指自然界中事物间相互依存、相互制约所遵循的各种内在规律。逻辑关系:就是指事情发生、发展的因果关系。在电路上,就是指电路输入、输出状态之间的对应关系。自然界事物间虽然存在着各种各样的逻辑关系,但基本的逻辑关系只有三种:与、或和非。而复杂的逻辑关系,则是由这三种基本的逻辑关系组合而成。

4. 数制

数字电路中经常遇到计数问题。在日常生活中,我们习惯于用十进制数,而在数字系统中多采用二进制数。

(1)十进制数

大家都熟悉,十进制是用十个不同的数字 0,1,2,3,…,9 来表示的。任何一个数都可以用上述十个数码按一定的规律排列起来表示,其计数规律是"逢十进一"。所谓十进制就是以 10 为基数的计数体制。

每一个数码处于不同的位置时,它代表的数值是不同的。例如,数 234 可表示为:

$$234 = 2 \times 10^2 + 3 \times 10^1 + 4 \times 10^0 \tag{5-1}$$

上述十进制表示法,也可扩展到表示小数,不过这时小数点以右的各位数码要乘以基数的负次幂,例如,数 3.142 可表示为:

$$3.142 = 3 \times 10^0 + 1 \times 10^{-1} + 4 \times 10^{-2} + 2 \times 10^{-3} \tag{5-2}$$

从数字电路的角度看来,采用十进制是不方便的。因此在数字电路中一般不直接采用十进制。

(2)二进制数

二进制数与十进制数的区别在于数码的个数和进位规律不同,十进制数用十个数码,并且"逢十进一";而二进制数用 0,1 二个数码表示,并且"逢二进一",即 $1+1=10$,读作一零。必须注意,这里的"10"与十进制的"10"是完全不同的,它并不代表"十"。左边的 1 代表的 2^1 位数,右边的 0 代表的 2^0 位数。例如,二进制数 1001 可表示为:

$$1001=1\times2^3+0\times2^2+0\times2^1+1\times2^0 \tag{5-3}$$

由于二进制的数字装置简单可靠,所用元件少,基本运算规律简单,运算操作简便,因此二进制广泛应用于数字电路中。

5. 三种基本逻辑关系及其门电路

(1)与逻辑关系及其门电路

1)与逻辑关系:当决定一件事情的各个条件全部具备时,这件事情才会发生,这样的因果关系称为与逻辑关系。

实际生活中,这种与的逻辑关系比比皆是。例如在图 5-2 所示电路中,只有当开关 A 与 B 全闭合时,灯泡 Y 才会亮;所以,对灯泡亮事件的发生,只有开关 A、B 闭合条件全部具备才能出现,灯泡和开关间的逻辑关系是与逻辑关系。

图 5-2 电路的控制关系如表 5-1 所示,这种表示电路控制功能的表格称为功能表。如果用"1"、"0"分别代表开关 A、B "闭合"、"断开"和灯泡 Y"亮"、"灭",则可以得到表示与逻辑关系的表格,这种表格称为真值表,如表 5-2 所示。真值表可以把一个逻辑关系的各种可能的、相应的对应关系用表格表示出来,使我们对逻辑的因果关系一目了然,因此,真值表也是表示逻辑关系的一种常用形式。

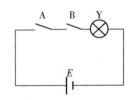

图 5-2　与逻辑关系举例

表 5-1　与逻辑关系举例功能表

开关 A	开关 B	灯泡 Y
断开	断开	灭
断开	闭合	灭
闭合	断开	灭
闭合	闭合	亮

表 5-2　与逻辑真值表

A	B	Y
0	0	0
0	1	0
1	0	0
1	1	1

与逻辑之间的关系也可以利用逻辑表达式表达,如表 5-2 所示的逻辑表达式可写为:

$$Y=A\cdot B \tag{5-4}$$

在这里,逻辑表达式 $Y=A \cdot B$ 和算术表达式 $Y=A \cdot B$ 在形式上非常相似,但是它们所表达的意义完全不同,逻辑表达式 $Y=A \cdot B$ 表示的是事件 Y 与事件 A、B 间所遵循的是"与"逻辑关系;而算术表达式 $Y=A \cdot B$ 表示的是因变量 Y 与自变量 A、B 间满足的是算术"乘"运算关系;由于二者表达形式相同,所以,有时我们也把逻辑"与"称为逻辑"乘"。

由表 5-2,可以得到逻辑"乘"的运算规律:

$$0 \cdot 0 = 0$$

$$0 \cdot 1 = 0$$

$$1 \cdot 0 = 0$$

$$1 \cdot 1 = 1$$

即:有"0"得"0",全"1"得"1"。

2)与门电路

实现"与"逻辑关系的电路称为与门电路。

①电路

如图 5-3(a)所示电路是由二极管构成的与门电路。图中 A、B 是输入信号,Y 是输出信号。

②工作原理

对于图 5-3(a)所示电路,如果输入信号 A、B 输入低电平时为 0V,高电平时为 3V,针对输入信号的四种不同组合输入,根据二极管导通和截止的原理可以求出输出信号的四个相应的输出,结果如表 5-3 所示。

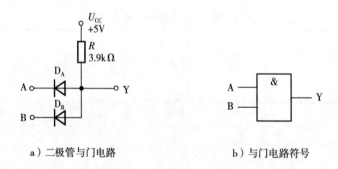

a)二极管与门电路   b)与门电路符号

图 5-3 与门电路和符号

表 5-3 与门的输入输出功能表

U_A(V)	U_B(V)	U_Y(V)
0	0	0.7
0	3	0.7
3	0	0.7
3	3	3.7

在表 5-3 中,把输入端 A、B 上 3V 高电平用"1"表示,0V 低电平用"0"表示,输出端 Y 上 3.7V 高电平用"1"表示,0.7V 低电平用"0"表示,则可以得到与门电路真值表 5-4。比较表 5-2 和表 5-4,可见两个表完全一样,所以,图 5-3(a)所示电路的输入、输出间满足的关系就是与逻辑关系,因此利用与门电路可以进行与逻辑运算。

由表 5-4 可见,与门的逻辑功能是:当输入端中有一个或一个以上是低电平时,输出端则为低电平,只有当输入端全为高电平时,输出端才是高电平。

表 5-4 与门电路真值表

A	B	Y
0	0	0
0	1	0
1	0	0
1	1	1

与门的电路符号如图 5-3(b)。

(2)或逻辑关系及其门电路

1)或逻辑关系

当决定一件事情的所有条件中,只要具备一个或者一个以上的条件,这件事情就会发生,这样的因果关系称为或逻辑关系。

或逻辑关系在实际生活中也很多,例如在图 5-4 所示电路中,灯泡 Y 与开关 A、B 是或逻辑关

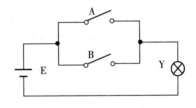

图 5-4 或逻辑关系举例

系。因为开关 A 或者 B 只要有一个闭合,或者两个全部闭合时,灯泡 Y 就会亮,符合或逻辑定义。同样,我们可列出电路的功能表和真值表,如表 5-5、表 5-6 所示。

表 5-5 或逻辑关系举例功能表

开关 A	开关 B	灯泡 Y
断开	断开	灭
断开	闭合	亮
闭合	断开	亮
闭合	闭合	亮

表 5-6 或逻辑真值表

A	B	Y
0	0	0
0	1	1

（续表）

A	B	Y
1	0	1
1	1	1

2）或门电路

实现"或"逻辑关系的电路称为或门电路。

①电路

如图5-5(a)所示电路是由二极管构成的或门电路。图中A、B是输入信号，Y是输出信号。

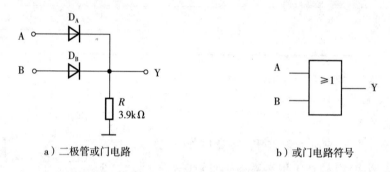

a）二极管或门电路　　　　　　　　b）或门电路符号

图5-5　或门电路和符号

②工作原理

如图5-5(a)所示电路，通过类似于二极管与门电路那样的分析估算，可以列出或门的输入、输出电压功能表见表5-7。

表5-7　或门的输入输出功能表

$U_A(V)$	$U_B(V)$	$U_Y(V)$
0	0	0
0	3	2.3
3	0	2.3
3	3	2.3

在表5-7中，把输入端A、B上3V高电平用"1"表示，0V低电平用"0"表示，输出端Y上2.3V高电平用"1"表示，0V低电平用"0"表示，则可以得到和表5-6相同的或门电路真值表。

由表5-6可知：要使输出结果为高电平，两个输入必须有一个为高电平，这就是或门的工作原理。

或逻辑表达式可写为：

$$Y = A + B$$

（5-5）

同样,逻辑表达式 Y＝A＋B 和算术表达式 Y＝A＋B 在形式上也非常相似,但是逻辑表达式 Y＝A＋B 表示的是事件 Y 与事件 A、B 间所遵循的是"或"逻辑关系;而算术表达式 Y＝A＋B 表示的是因变量 Y 与自变量 A、B 间满足的是算术"加"运算关系;由于二者表达形式相同,所以,有时我们也把逻辑"或"称为逻辑"加"。

由表 5－6,可以得到逻辑"加"的运算规律:

$$0＋0＝0$$

$$0＋1＝1$$

$$1＋0＝1$$

$$1＋1＝1$$

即:有"1"得"1",全"0"得"0"。

或门的电路符号如图 5－5(b)所示。

(3)非逻辑关系及其门电路

1)非逻辑关系

"非"就是反,就是否定。非逻辑就是当决定一件事情的条件如果具备,这件事情就不会发生;条件如果不具备,这件事情就会发生。这样的因果关系称为非逻辑关系。

例如在图 5－6 所示电路中,开关 A 与灯 Y 泡间构成了非逻辑关系,不难分析,当开关 A 闭合,灯泡 Y 不亮;但当开关 A 断开,灯泡 Y 反而会亮。因此开关 A 与灯泡 Y 之间是非逻辑关系。电路的功能表和真值表如表 5－8、表 5－9 所示。

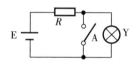

图 5－6　非逻辑关系举例

表 5－8　非逻辑功能表

开关 A	灯 Y
断开	亮
闭合	灭

表 5－9　非逻辑真值表

A	Y
0	1
1	0

2)非门电路

实现"非"逻辑关系的电路称为非门电路。

①电路

如图 5-7(a)所示电路是由三极管构成的非门电路。图中 A 是输入信号，Y 是输出信号。

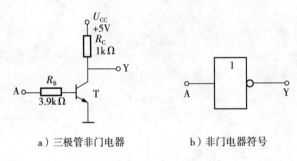

a）三极管非门电器   b）非门电器符号

图 5-7 非门电路和符号

由三极管的工作原理可知：当输入电压 U_A 为 0V（低电平）时，三极管截止，电路输出电压 U_Y 为 5V（高电平）；当输入电压 U_A 为 3V（高电平）时，三极管饱和，电路输出电压 U_Y 为 0.3V（低电平）；结果如表 5-10 所示。

表 5-10 非门的输入输出功能表

$U_A(V)$	$U_Y(V)$
0	5
3	0.3

三极管非门电路的真值表如表 5-9 所示。

非逻辑关系表达式为：

$$Y=\overline{A} \tag{5-6}$$

非逻辑的运算规律：

$$\overline{0}=1$$

$$\overline{1}=0$$

非门的电路符号如图 5-7(b)所示。

任务实施

1. 实训电路

基本逻辑门电路原理图如图 5-3(a)、5-5(a)、5-7(a)所示。

2. 器件、器材

准备所需仪表、工具：常用电子组装工具一套，直流稳压电源一台、逻辑笔一只、万用表一只。所需电子元器件及材料见表5-11。

表5-11 电子元器件及材料表

代号	名称	规格	数量/只	代号	名称	规格	数量/只
R	碳膜电阻器	3.9kΩ	2	D_B	二极管	4003	2
R_B	碳膜电阻器	3.9kΩ	1		万能电路板		
R_C	碳膜电阻器	1kΩ	1		0.8mm镀锡铜丝		
T	晶体管	9011	1		焊料、助焊剂		
D_A	二极管	4003	2		多股软导线		

3. 装配要求

要求根据该电路原理图装配电路,装配工艺要求为:

(1)电阻要求贴紧电路板,电阻的色环方向应一致。

(2)二极管排列整齐,底部应贴近电路板,正、负极应正确。

(3)晶体管采用垂直安装,底部离开电路板5mm,并注意引脚应正确。

(4)布线正确、合理,焊点合格,无漏焊、虚焊、短路现象。

4. 电路组装

(1)对电路中使用的元器件进行检测与筛选。

(2)按照装配电路原理图分别对二极管与门电路、二极管或门电路和晶体管非门电路进行装配。

5. 功能检测与调试

电路组装完成后,按以下步骤完成电路功能检测与调试。

(1)用万用表和逻辑笔对二极管与门电路的输入、输出电压和逻辑关系进行测试,将测试结果填入表格5-12、5-13。

表5-12 与门电路功能测试表

U_A(V)	U_B(V)	U_Y(V)
0	0	
0	3	
3	0	
3	3	

表5-13 与门电路真值表

A	B	Y
0	0	
0	1	

A	B	Y
1	0	
1	1	

（2）用万用表和逻辑笔对二极管或门电路的输入、输出电压和逻辑关系进行测试，将测试结果填入表格 5-14、5-15。

表 5-14　或门电路功能测试表

$U_A(V)$	$U_B(V)$	$U_Y(V)$
0	0	
0	3	
3	0	
3	3	

表 5-15　或门电路真值表

A	B	Y
0	0	
0	1	
1	0	
1	1	

（3）用万用表和逻辑笔对晶体管非门电路的输入、输出电压和逻辑关系进行测试，将测试结果填入表格 5-16、5-17。

表 5-16　非门功能测试表

$U_A(V)$	$U_Y(V)$
0	
3	

表 5-17　非门电路真值表

A	Y
0	
1	

6. 检查评议

评分标准见表 5-18。

表 5-18 评分标准

序号	项目内容	评分标准	分值	扣分	得分
1	元器件安装	1. 元器件不按规定方式安装,扣10分 2. 元器件极性安装错误,扣10分 3. 布线不合理,扣10分	30		
2	焊接	1. 焊点有一处不合格,扣2分 2. 剪脚留头长度有一处不及格,扣2分	20		
3	测试	1. 关键点电位不正常,扣10分 2. 逻辑电平错误,扣10分 3. 仪器仪表使用错误,扣10分	30		
4	安全文明操作	1. 不爱护仪器设备,扣10分 2. 不注意安全,扣10分	20		
5	合计		100		
6	时间	90min			

7. 注意事项

调试时若输入、输出电平错误,就要检查排除故障。检查故障时,首先检查接线是否正确,在接线正确的前提下,主要检查二极管、三极管极性是否接错;电阻参数是否正确;电源电压是否正确等。

习 题

一、填空题

1. 模拟信号是(   );数字信号是(   )。

2. 模拟电路是(   );数字电路是(   )。

3. 数字电路的工作信号是(   ),只有(   )个可能的状态。

4. 数字电路中,重点研究输入信号和输出信号之间的(   )关系。

5. 数字电路功能的表示方法常采用(   )、(   )、(   )、(   )以及(   )等。

6. 所谓逻辑关系,是指事物发生、发展(   )关系。

7. 当决定一件事情的各个条件中,只要具备一个或者一个以上的条件,这件事情就会发生,这样的因果关系称为(   )关系。

8. 当决定一件事情的条件如果具备,这件事情就不会发生;条件如果不具备,这件事情就会发生。这样的因果关系称为(   )关系。

9. 当决定一件事情的各个条件(   )具备时,这件事情才会发生,这样的因果关系称为与逻辑关系。

10. 与逻辑的表达式为:(   )。

11. 或逻辑的表达式为:(   )。

12. 非逻辑的表达式为:(　　　)。

13. 基本逻辑关系有(　　)、(　　)和(　　)三种。

14. 如果用 1 表示(　　　)，用 0 表示(　　　)，这种表示方法则称为正逻辑体制。

二、判断题

1. 与门电路的逻辑功能是输入有 1，输出为 1。(　　　)

2. 或门电路的逻辑功能是输入有 0，输出为 1。(　　　)

3. 非门电路的逻辑功能是输入有 1，输出为 1。(　　　)

4. 非逻辑就是否定逻辑。(　　　)

5. 数字电路中，二极管工作在导通状态，晶体管工作在截止状态。(　　　)

6. 用 1 表示高电平，用 0 表示低电平，则称为负逻辑。(　　　)

三、选择题

1. 与门逻辑关系中，下列表达是正确的是:(　　　)

    A. $A=1,B=1,Y=1$ B. $A=1,B=1,Y=0$

    C. $A=1,B=0,Y=1$ D. $A=1,B=0,Y=1$

2. 或门逻辑关系中，下列表达是正确的是:(　　　)

    A. $A=1,B=1,Y=0$ B. $A=0,B=0,Y=1$

    C. $A=1,B=0,Y=0$ D. $A=1,B=0,Y=1$

3. 与逻辑关系表达式正确的是:(　　　)

    A. $Y=AB$ B. $Y=A+B$

    C. $Y=\overline{A \cdot B}$ D. $Y=\overline{A}$

4. 或逻辑关系表达式正确的是:(　　　)

    A. $Y=AB$ B. $Y=A+B$

    C. $Y=\overline{A \cdot B}$ D. $Y=\overline{A}$

5. 非逻辑关系表达式正确的是:(　　　)

    A. $Y=AB$ B. $Y=A+B$

    C. $Y=\overline{A \cdot B}$ D. $Y=\overline{A}$

四、简答题

1. 写出与逻辑的真值表。

2. 写出或逻辑的真值表。

3. 写出非逻辑的真值表。

4. 写出与、或和非逻辑的逻辑表达式和画出其逻辑符号。

任务2　复合逻辑门电路的装配与调试

任务引入

前面所介绍的与、或、非门电路是最基本的逻辑门电路，它们逻辑功能单一、应用程度有限。在实际应用中，由于复合逻辑门电路功能多样，所以应用较多。本任务主要介绍常用复合逻辑门电路的电路组成、逻辑符号及工作原理和与非门、或非门电路的装配及调试方法。

相关知识

复合逻辑门电路,就是由两种或两种以上基本逻辑按一定的要求组合构成的逻辑门电路。

1. 与非门

实现与非逻辑关系的电路称为与非门。

(1)电路和符号

其电路组成和符号如图5-8所示,其中A和B是输入信号,Y是输出信号。

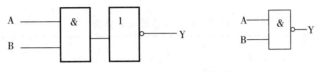

图5-8 与非门电路和符号

(2)工作原理

与非门是由与门和非门结合而成的。即在与门之后接一个非门,就构成了与非门。与非门的逻辑表达式为:

$$Y = \overline{AB} \tag{5-7}$$

与非门的逻辑真值表见表5-19。由真值表可知,与非门的逻辑功能是:输入有0,输出为1,输入全1,输出为0。

(3)与非门的特点

与非门带负载能力强,抗干扰能力强,应用广泛。任何逻辑关系都可用与非门实现,与非运算具有完备性。

表5-19 与非门的逻辑真值表

A	B	Y	A	B	Y
0	0	1	1	0	1
0	1	1	1	1	0

2. 或非门

实现或非逻辑关系的电路称为或非门。

(1)电路和符号

其电路组成和符号如图5-9所示,其中A和B是输入信号,Y是输出信号。

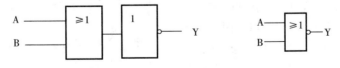

图5-9 或非门电路和符号

(2)工作原理

或非门是由或门和非门结合而成。即在或门之后接一个非门,就构成了或非门。或非门的逻辑表达式为：

$$Y = \overline{A+B} \tag{5-8}$$

或非门的逻辑真值表如表 5-20 所示。由真值表可知，或非门的逻辑功能是：输入有 1，输出为 0，输入全 0，输出为 1。

（3）或非门的特点

或非门带负载能力强，抗干扰能力强，应用广泛。任何逻辑关系都可用或非门实现，或非运算具有完备性。

表 5-20 或非逻辑功能表

A	B	Y	A	B	Y
0	0	1	1	0	0
0	1	0	1	1	0

3. 集成逻辑门电路

所谓集成电路（简称 IC），通常是指把电路中的半导体器件、电阻、电容及导线制作在一块半导体基片（芯片）上，并封装在一个壳体内所构成的完整电路。与分立元件电路相比，集成电路具有重量轻、体积小、功耗低、成本低、可靠性和工作速度高等优点。集成电路按照其工作信号的不同，可分为模拟集成电路和数字集成电路。模拟集成电路是用来处理模拟信号的集成电路，如前面所学过的集成运算放大器、集成功率放大器等均属于模拟集成电路。数字集成电路则是用来处理数字信号的集成电路，例如，集成逻辑门、集成触发器、译码器、编码器、选择器、比较器、计数器等逻辑功能部件均属于数字集成电路。集成逻辑门是最基本的数字集成电路，是组成数字逻辑的基础。

集成芯片就像确定了输入和输出的"黑盒子"，其核心可能是非常复杂的电路。对使用者而言，只要掌握查阅器件资料的方法，了解其逻辑功能并正确使用即可。从集成电路手册中不仅可了解芯片功能，还可了解芯片的引脚分配及其特性和参数。所以，学会查阅器件手册，可以很方便地选择和使用集成逻辑电路。

（1）常用集成门电路引脚排列

常用的集成门电路，大多采用双列直插式封装（缩写成 DIP），外形如图 5-10 所示。集成芯片表面有一个缺口或圆点（作为引脚编号的参考标志），如果将芯片插在实验板上且缺口（或圆点）朝左边，则引脚的排列规律为：左下管脚为 1 引脚，其余以逆时针方向从小到大顺序排列，一般引脚数为：14、16、20 等。一般的 TTL 集成电路的引脚有三

图 5-10 双列直插式集成电路外形图

类：1）电源输入端，包括电源正极 U_{CC}（+5V）和电源负极接地 GND（+0V）；2）信号输入端；3）信号输出端；绝大多数情况下，电源从芯片左上角的引脚接入，地接右下引脚。一块芯片中可集成若干个（1、2、4、6 等）同样功能但又各自独立的门电路，每个门电路则具有若干个

(1、2、3 等)输入端。

与非门 74LS00、或非门 74LS02、与门 74LS08 和或门 74LS32 引脚排列如图 5-11 所示。

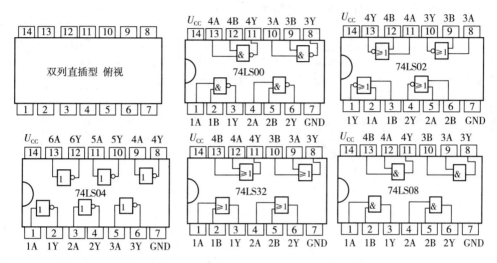

图 5-11　引脚排列

(2)常用 TTL 与非门电路

常用 TTL 与非门电路器件见表 5-21。

表 5-21　常用 TTL 与非门电路器件

品种代号	品种名称	品种代号	品种名称
00	四-二输入与非门	20	双四输入与非门
01	四-二输入与非门(OC)	21	双四输入与门
02	四-二输入或非门	22	双四输入与非门(OC)
03	四-二输入或非门(OC)	27	三-三输入与非门
04	六反相器	30	八输入与非门
05	六反相器(OC)	32	四-二输入或门
06	六高压输出反相缓冲/驱动器(OC,30V)	37	四-二输入与非缓冲器
07	六高压输出反相缓冲/驱动器(OC,30V)	40	双四输入与非缓冲器
08	四-二输入与门	136	四-二输入或非门(OC)
10	三-三输入与非门	245	八双向总线发送/接收器
12	三-三输入与门(OC)		

任务实施

1. 实训电路

复合逻辑门电路原理图如图 5-12 所示。

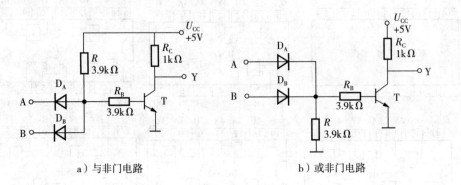

a) 与非门电路　　　　　b) 或非门电路

图 5-12　复合门电路原理图

2. 器件、器材

常用电子组装工具一套,直流稳压电源一台、逻辑笔一只、万用表一只。所需电子元器件及材料见表 5-22。

表 5-22　电子元器件及材料表

代号	名称	规格	数量/只	代号	名称	规格	数量/只
R	碳膜电阻器	3.9kΩ	2	D_B	二极管	4003	2
R_B	碳膜电阻器	3.9kΩ	2	万能电路板			
R_C	碳膜电阻器	1kΩ	2	0.8mm 镀锡铜丝			
T	晶体管	9011	2	焊料、助焊剂			
D_A	二极管	4003	2	多股软导线			

3. 装配要求

根据该电路原理图装配电路,装配工艺要求为:

(1)电阻要求贴紧电路板,电阻的色环方向应一致。

(2)二极管排列整齐,底部应贴近电路板,正、负极应正确。

(3)晶体管采用垂直安装,底部离开电路板 5mm,并注意引脚应正确。

(4)布线正确、合理,焊点合格,无漏焊、虚焊、短路现象。

4. 电路组装

(1)对电路中使用的元器件进行检测与筛选。

(2)按照装配电路原理图分别对二极管与门电路、二极管或门电路和晶体管非门电路进行装配。

5. 功能检测与调试

电路组装完成后,按以下步骤完成电路功能检测与调试。

（1）用万用表和逻辑笔对二极管与非门电路的输入、输出电压和逻辑关系进行测试，将测试结果填入表格5－23。

表 5 - 23   与非门电路测试表

输入电压		输出电压	输出状态
$U_A(V)$	$U_B(V)$	$U_Y(V)$	
0	0		
0	3		
3	0		
3	3		

（2）用万用表和逻辑笔对二极管或非门电路的输入、输出电压和逻辑关系进行测试，将测试结果填入表格5－24。

表 5 - 24   或非门电路测试表

输入电压		输出电压	输出状态
$U_A(V)$	$U_B(V)$	$U_Y(V)$	
0	0		
0	3		
3	0		
3	3		

6. 检查评议

评分标准见表5－25。

表 5 - 25   评分标准

序号	项目内容	评分标准	分值	扣分	得分
1	元器件安装	1. 元器件不按规定方式安装，扣10分 2. 元器件极性安装错误，扣10分 3. 布线不合理，扣10分	30		
2	焊接	1. 焊点有一处不合格，扣2分 2. 剪脚留头长度有一处不及格，扣2分	20		
3	测试	1. 关键点电位不正常，扣10分 2. 逻辑电平错误，扣10分 3. 仪器仪表使用错误，扣10分	30		

（续表）

序号	项目内容	评分标准	分值	扣分	得分
4	安全文明操作	1. 不爱护仪器设备,扣 10 分 2. 不注意安全,扣 10 分	20		
5	合计		100		
6	时间	90min			

7. 注意事项

调试时若输入、输出电平错误,就要检查排除故障。检查故障时,首先检查接线是否正确,在接线正确的前提下,主要检查二极管、三极管极性是否接错;电阻参数是否正确;电源电压是否正确等。

习　题

一、填空题

1. 与非逻辑的表达式为:(　　　)。

2. 或非逻辑的表达式为:(　　　)。

3. 与非门是由(　　　)和(　　　)串联组成。

4. 或非门是由(　　　)和(　　　)串联组成。

5. 与非门带负载能力(　　　),任何逻辑关系都可用(　　　)实现。

6. 或非门带负载能力(　　　),任何逻辑关系都可用(　　　)实现。

7. 与非门是由(　　　)和(　　　)串联而成。

8. 或非门是由(　　　)和(　　　)串联而成。

二、判断题

1. 与非门电路的逻辑功能是输入有 1,输出为 1。(　　　)

2. 或非门电路的逻辑功能是输入有 0,输出为 1。(　　　)

3. 与非门具有完备性。(　　　)

4. 与非门只能实现与非逻辑关系。(　　　)

5. 或非门可以实现与逻辑关系。(　　　)

三、选择题

1. 与非门逻辑关系中,下列表达是正确的是:(　　　)

　　A. $A=1,B=1,Y=0$　　　　　　　　B. $A=1,B=1,Y=1$

　　C. $A=1,B=0,Y=0$　　　　　　　　D. $A=1,B=0,Y=0$

2. 或非门逻辑关系中,下列表达是正确的是:(　　　)

　　A. $A=1,B=1,Y=0$　　　　　　　　B. $A=0,B=0,Y=0$

　　C. $A=1,B=0,Y=1$　　　　　　　　D. $A=1,B=0,Y=1$

3. 与非门的逻辑关系表达式为(　　　)。

　　A. $Y=A \cdot B$　　　　　　　　B. $Y=\overline{A+B}$

　　C. $Y=A+B$　　　　　　　　D. $Y=\overline{A \cdot B}$

4. 集成电路左边最后一个引脚为:(　　　)

　　A. 电源正极　　　　　　　　B. 电源负极

C. 与非门的输入端   D. 与非门的输出端

5. 或非门的逻辑关系表达式为(   )

A. $Y = A \cdot B$ B. $Y = \overline{A + B}$

C. $Y = A + B$ D. $Y = \overline{A \cdot B}$

四、简答题

1. 写出或非逻辑的真值表和或非逻辑的逻辑表达式。

2. 写出与非逻辑的真值表和与非逻辑的逻辑表达式。

3. 写出与非和或非逻辑的逻辑符号。

任务 3 照明灯异地控制电路的装配与调试

任务引入

在复合逻辑门电路中,异或门也是一种常用的复合门。本任务主要介绍异或门的电路组成、逻辑符号及工作原理,照明灯异地控制电路装配与调试以及电路故障排除方法。

相关知识

1. 异或门

实现异或逻辑关系的电路称为异或门。

(1)电路及符号

异或门电路的组成如图 5 - 13(a)所示,逻辑符号如图 5 - 13(b)所示。

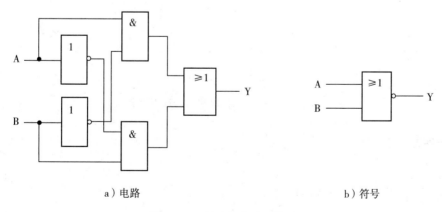

a)电路   b)符号

图 5 - 13 异或门电路和符号

(2)工作原理

异或门是由非门、与门和或门组合而成。异或门的逻辑关系表达式为:

$$Y = \overline{A}B + A\overline{B} = A \oplus B \tag{5-9}$$

根据式 5 - 9,可写出异或门的逻辑真值表如表 5 - 26 所示。由表 5 - 26 可知,异或门的逻辑功能是:输入 A、B 取值相同,输出为 0;输入 A、B 取值不同,输出为 1。这样的因果关系我们称之为异或逻辑关系。

表 5-26　异或门逻辑真值表

A	B	Y	A	B	Y
0	0	0	1	0	1
0	1	1	1	1	0

2. 照明灯异地控制电路及工作原理

(1)控制电路

照明灯异地控制电路原理图如图 5-14 所示,图中 A、B 是安放在不同两地的控制开关,Z 是直流继电器,Y 是被控照明灯。

(2)工作原理

控制电路是由两个开关和异或门组成的。当两个控制开关 A、B 状态相同时,异或门输出低电平,直流继电器 Z 不吸合,串联在照明灯电路中的常开触点断开,灯泡 Y 不亮。当两个控制开关 A、B 状态不同时,异或门输出高电平,直流继电器 Z 吸合,串联在照明灯电路中的常开触点闭合,灯泡 Y 点亮。

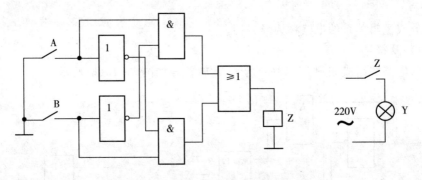

图 5-14　照明灯异地控制电路原理图

任务实施

1. 实训电路

照明灯异地控制电路原理图如图 5-14 所示。

2. 器件、器材

常用电子组装工具一套、直流稳压电源一台、逻辑笔一只、万用表一只。所需电子元器件及材料见表 5-27。

表 5-27 电子元器件及材料表

代号	名称	规格	数量/只	代号	名称	规格	数量/只
A	钮子开关	ATE	1		或门	74LS32	1
B	钮子开关	ATE	1		万能电路板		
Y	灯泡	15W/220V	1		$\phi 0.8mm$ 镀锡铜丝		
Z	直流继电器	G2R-1-5V	1		焊料、助焊剂		
	非门	74LS04	1		多股软导线		
	与门	74LS08	1				

3. 电路组装和装配要求

根据该电路原理图装配电路,装配工艺要求为:

(1)集成电路底部贴紧电路板。

(2)集成电路的电源端、接地端不要装反。

(3)布线正确、合理,焊点合格,无漏焊、虚焊、短路现象。

4. 功能检测与调试

电路组装完成后,按以下步骤完成电路功能检测与调试。

(1)按表 5-28 中的要求对电路进行调试,观察灯泡的状态,将观察结果填入表 5-28 中。

(2)分别用万用表和逻辑笔对各种输入状态下的各门电路逻辑关系进行测试,将测试结果填入表 5-28。

表 5-28 电路测试结果

开关状态		非门输出电压(V)	与门输出电压(V)	或门输出电压(V)	继电器状态	灯泡状态
开关 A	开关 B					
断开	断开					
断开	闭合					
闭合	断开					
闭合	闭合					

5. 检查评议

评分标准见表 5-29。

表 5-29 评分标准

序号	项目内容	评分标准	分值	扣分	得分
1	元器件安装	1. 元器件不按规定方式安装,扣 20 分 2. 集成电路管脚安装错误,扣 10 分	30		
2	焊接	1. 集成电路管脚焊接短路,扣 20 分	20		

（续表）

序号	项目内容	评分标准	分值	扣分	得分
3	测试	1. 逻辑电平错误，扣20分 2. 仪器仪表使用错误，扣10分	30		
4	安全文明操作	1. 不爱护仪器设备，扣10分 2. 不注意安全，扣10分	20		
5	合计		100		
6	时间	90min			

6. 注意事项

调试时若输入、输出电平错误，就要检查排除故障。检查故障时，首先应检查各集成电路电源电压是否正确；其次检查接线是否正确，尤其注意检查集成电路的管脚是否接错等。

习 题

一、填空题

1. 异或逻辑的表达式为（ ）。

2. 异或门的逻辑功能是输入相同，输出为（ ）；输入不同，输出为（ ）。

3. 异或门是一种（ ）门，可由（ ）、（ ）和（ ）门组成。

二、判断题

1. 异或门只能由与或非门组成。（ ）

2. 异或门是一种复合门。（ ）

3. 异或门只能由与非门组成。（ ）

4. 异或门只能实现与非逻辑关系。（ ）

5. 异或门的输入端并联使用，可完成非门的逻辑关系。（ ）

三、选择题

1. 异或门逻辑关系中，下列表达是正确的是：（ ）

A. A＝1，B＝1，Y＝1　　　　B. A＝1，B＝1，Y＝0

C. A＝1，B＝0，Y＝0　　　　D. A＝1，B＝0，Y＝0

2. 保证异或门输出为1，要求输入必须：（ ）

A. 相同　　　　　　　　　B. 不同

C. 随意　　　　　　　　　D. 接地

3. 异或门输入端并联使用中，其输出为：（ ）

A. 0　　　　　　　　　　　B. 1

C. 不定　　　　　　　　　D. A^2

4. 对异或门输出取非逻辑关系中，下列表达是正确的是：（ ）

A. A＝1，B＝0，Y＝1　　　　B. A＝0，B＝1，Y＝0

C. A＝0，B＝0，Y＝0　　　　D. A＝1，B＝1，Y＝0

四、简答题

1. 什么是异或逻辑关系？写出其真值表。

2. 画出异或门的逻辑符号，并写出其逻辑表达式。

项目六　组合逻辑电路

数字电路可分为组合逻辑电路和时序逻辑电路两大部分。所谓组合逻辑电路是指：在任何时刻，逻辑电路的输出状态只取决于电路各输入状态的组合，而与电路原来的状态无关。最简单的组合电路就是各种门电路，门电路是组合电路的基本单元。

组合逻辑电路可以用图 6-1 的方框图表示。图中 A_1、A_2、$\cdots$、A_n 表示输入逻辑变量，Y_1、Y_2、$\cdots$、Y_m 表示输出逻辑变量。

图 6-1　组合逻辑电路

本项目主要介绍组合逻辑电路中的编码器和译码器。

任务 1　编码器电路的装配与调试

任务引入

在数字系统中，由于采用二进制运算处理数据，因此通常需要将信息编成若干二进制代码，以便系统能够识别和处理。在逻辑电路中，信号都是以高低电平的形式给出，把输入的每个高低电平信号编成一组对应的代码就是编码。将二进制数码（0 或 1）按一定规则组成代码表示一个特定对象，称为二进制编码。具有编码功能的电路称为编码电路，而相应的 MSI 芯片称为编码器。按照被编码对象的不同特点和编码要求，有各种不同的编码器，如二进制编码器、优先编码器和 8421BCD 编码器等。

相关知识

1. 基本编码器功能描述

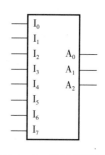

图 6-2 表示一个编码器框图。它有 8 个输入 $I_0 \sim I_7$，分别表示 8 个不同事件，有 3 个输出，为 3 位二进制代码 A_2、A_1、A_0，根据被编对象个数及二进制编码位数，该编码器称为 8-3 线二进制编码器。显然，若被编码对象为 16 路信号，输出则应有 4 位二进制代码，故称为 16-4 线编码器。由此推得，n 位二进制代码最多可以表

图 6-2　编码器框图

示 2^n 个事件,其编码器称为 2^n-n 线二进制编码器。

表 6-1 是 8-3 线二进制编码器功能表,输入信号 $I_0 \sim I_7$ 依次为高电平时,输出 $A_2 \sim A_0$ 是一组对应的二进制代码。这里输入 $I_0、I_1、\cdots、I_7$ 是有约束条件的,即任何时刻只能有一个输入为 1,其他输入均为 0。因此,表中无须列出输入逻辑变量的所有取值的组合,而只需写出简化的真值表(亦称为功能表)。

表 6-1 8-3 线二进制编码器功能表

输 入								输 出		
I_0	I_1	I_2	I_3	I_4	I_5	I_6	I_7	A_2	A_1	A_0
1	0	0	0	0	0	0	0	0	0	0
0	1	0	0	0	0	0	0	0	0	1
0	0	1	0	0	0	0	0	0	1	0
0	0	0	1	0	0	0	0	0	1	1
0	0	0	0	1	0	0	0	1	0	0
0	0	0	0	0	1	0	0	1	0	1
0	0	0	0	0	0	1	0	1	1	0
0	0	0	0	0	0	0	1	1	1	1

若编码电路输出为 8421BCD 码,则称为 8421BCD 编码器。

2. 优先编码器

上述编码电路需对输入信号有所限制,任何时刻只允许输入一个被编信号,否则输出将发生混乱。实际中常常会遇到同时输入多路信号的情况,这时需要选用优先编码器编码。

优先编码器对输入信号安排了优先编码顺序,允许同时输入多路编码信号,但编码电路只对其中优先权最高的一个输入信号进行编码,所以不会出现编码混乱。这种编码器广泛应用于计算机系统中的中断请求和数字控制的排队逻辑电路中。

图 6-3 是典型的 10-4 线优先编码器 74LS147 的符号图和引脚图。

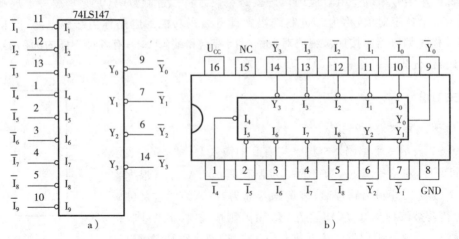

图 6-3 74LSl47 的符号图和引脚图

在本教材中,功能符号图框内所有变量均为正逻辑,框外输入端的小圆圈表示输入信号低电平(逻辑 0)有效,而输出端的小圆圈表示反码输出,并在框外小圆圈对应的输入和输出变量上冠以"—"号与之对应。这样输入输出端的小圆圈可以理解为逻辑非运算。

为表明这种关系,在图 6-3 中写出框外的变量(通常符号图不需写出框外的变量),当 $\overline{I_1}$、$\overline{I_2}$、…、$\overline{I_9}$ 为 0 时,表示有效信号;而输出端的信号为 $\overline{Y_3}\,\overline{Y_2}\,\overline{Y_1}\,\overline{Y_0}$。这种关系也反映在优先编码器的功能表 6-2 中。

表 6-2　10-4 线优先编码器的功能表

输　入									输　出			
$\overline{I_1}$	$\overline{I_2}$	$\overline{I_3}$	$\overline{I_4}$	$\overline{I_5}$	$\overline{I_6}$	$\overline{I_7}$	$\overline{I_8}$	$\overline{I_9}$	$\overline{Y_3}$	$\overline{Y_2}$	$\overline{Y_1}$	$\overline{Y_0}$
×	×	×	×	×	×	×	×	0	0	1	1	0
×	×	×	×	×	×	×	0	1	0	1	1	1
×	×	×	×	×	×	0	1	1	1	0	0	0
×	×	×	×	×	0	1	1	1	1	0	0	1
×	×	×	×	0	1	1	1	1	1	0	1	0
×	×	×	0	1	1	1	1	1	1	0	1	1
×	×	0	1	1	1	1	1	1	1	1	0	0
×	0	1	1	1	1	1	1	1	1	1	0	1
0	1	1	1	1	1	1	1	1	1	1	1	0
1	1	1	1	1	1	1	1	1	1	1	1	1

由表 6-2 可以看出,输入是 10 路($\overline{I_0}\sim\overline{I_9}$,$\overline{I_0}$ 隐含其中)被编对象,允许同时有几个输入端送入编码信号。其中 $\overline{I_9}$ 优先权最高,$\overline{I_8}$ 依次降低,$\overline{I_0}$ 优先权最低。当 $\overline{I_9}=0$ 时,无论其他输入端有无信号(表中以×表示),输出端只给出 $\overline{I_9}$ 反码形式的编码,即 $\overline{Y_3}\,\overline{Y_2}\,\overline{Y_1}\,\overline{Y_0}=0110$;当 $\overline{I_9}=1$,$\overline{I_8}=0$ 时,无论其他输入端有无信号,只对 $\overline{I_8}$ 编码,输出其反码形式 $\overline{Y_3}\,\overline{Y_2}\,\overline{Y_1}\,\overline{Y_0}=0111$;……当所有输入端都为 1 时,对 $\overline{I_0}$ 进行编码,输出其反码 $\overline{Y_3}\,\overline{Y_2}\,\overline{Y_1}\,\overline{Y_0}=1111$。该器件为 10-4 线反码形式输出的 BCD 码优先编码器。

常用的 10-4 线 BCD 优先编码器中规模集成产品还有 CD40147B 等。

常用的 8-3 线二进制优先编码器有 74148 和 CD4532B 等。

用两个 8-3 线编码器加上少量门电路可以扩展成为 16-4 线编码器,这里不再详细讨论。

任务实施

1. **实训电路**

74LS148 为 8-3 线二进制优先编码器,它有 8 路输入($\overline{I_0}\sim\overline{I_7}$),3 路编码信号输出($\overline{Y_0}$、$\overline{Y_1}$、$\overline{Y_2}$),2 路辅助信号输出($\overline{EO}$、$\overline{GS}$),其功能表如表 6-3 所示,其引脚排列如图 6-4 所示。

表 6-3 74LS148 优先编码器的功能表

使能	输入								输出				
$\overline{EI}$	$\overline{I_0}$	$\overline{I_1}$	$\overline{I_2}$	$\overline{I_3}$	$\overline{I_4}$	$\overline{I_5}$	$\overline{I_6}$	$\overline{I_7}$	$\overline{Y_2}$	$\overline{Y_1}$	$\overline{Y_0}$	$\overline{EO}$	$\overline{GS}$
1	×	×	×	×	×	×	×	×	1	1	1	1	1
0	1	1	1	1	1	1	1	1	1	1	1	0	1
0	×	×	×	×	×	×	×	0	0	0	0	1	0
0	×	×	×	×	×	×	0	1	0	0	1	1	0
0	×	×	×	×	×	0	1	1	0	1	0	1	0
0	×	×	×	×	0	1	1	1	0	1	1	1	0
0	×	×	×	0	1	1	1	1	1	0	0	1	0
0	×	×	0	1	1	1	1	1	1	0	1	1	0
0	×	0	1	1	1	1	1	1	1	1	0	1	0
0	0	1	1	1	1	1	1	1	1	1	1	1	0

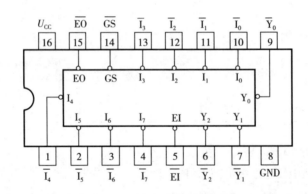

图 6-4 74LS148 引脚图

实训电路如图 6-5 所示,通过 8 路按键控制 74LS148 编码器的输入信号进行编码,输出接发光二极管显示编码结果。

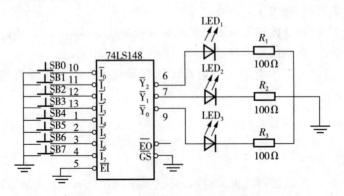

图 6-5 74LS148 编码器实训电路图

2. 器件、器材

编码器显示电路元器件(材)见表6-4所列。

表6-4 编码器显示电路元器件(材)明细表

序号	名称	型号	规格说明	数量
1	8-3编码器	74LS148		1
2	发光二极管			3
3	电阻		100Ω	3
4	按键			8
5	导线若干			
6	印制电路板(或万能板)		配套印制电路板或单孔板	1

3. 装配要求

装配工艺要求

(1)集成块底部贴紧电路板。

(2)布线正确,焊点合格,无漏焊、虚焊、短路现象。

4. 电路组装

元器件布局完成后,按原理图完成元器件焊接与线路连接,并自检焊接时有无短路与虚焊,以及错误连接情况。焊接时应做到焊点光滑圆亮,大小均匀,无虚焊和漏焊;连接导线颜色要规范(请查相关资料)。焊接完成后,保留元器件引脚长度1~1.5mm,然后剪去多余长度。剪切时不得让引脚承受过大的机械拉力,以免造成焊点松动。

5. 功能检测与调试

装配完成后应首先进行自检,正确无误后才能进行调试。

按下表中的规则按下对应按钮,观察发光二极管的亮、灭情况以验证集成编码器74LS148的逻辑功能,并将结果记录在表中。

表6-5 编码器功能检测记录表

按键状态								发光二极管亮灭情况		
SB0	SB1	SB2	SB3	SB4	SB5	SB6	SB7	LED1	LED2	LED3
×	×	×	×	×	×	×	按下			
×	×	×	×	×	×	按下	不按			
×	×	×	×	×	按下	不按	不按			
×	×	×	×	按下	不按	不按	不按			
×	×	×	按下	不按	不按	不按	不按			
×	×	按下	不按	不按	不按	不按	不按			
×	按下	不按	不按	不按	不按	不按	不按			

6. 检查评议

评分标准见表 6-6 所列。

表 6-6 评分标准

序号	项目内容	评分标准	分值	扣分	得分
1	态度	1. 工作的积极性； 2. 安全操作规程的遵守情况； 3. 纪律遵守情况。	30		
2	电路安装	1. 电路安装正确情况； 2. 电路焊接安装、工艺情况。	40		
3	电路功能测试	1. 编码器的功能验证； 2. 表格记录测试结果。	30		
4	合计		100		
5	时间	90min			

7. 注意事项

(1)焊接集成电路管脚时注意焊接时间不能超过 2s,不能出现管脚粘连现象。

(2)测试中若出现发光二极管太暗或者太亮,可以降低或提高电阻阻值进行改善。

(3)若测试过程中出现发光二极管不亮,则需检测发光二极管是否正负极装反。

习 题

一、填空题

1. 数字电路可分为( )和时序逻辑电路两大部分。

2. 在任何时刻,逻辑电路的输出状态只取决于电路各( )状态的组合,而与电路原来的状态无关。( )是组合电路的基本单元。

3. 将二进制数码(0 或 1)按一定规则组成代码表示一个特定对象,称为( )编码。

4. 实际中常常会遇到同时输入多路信号的情况,这时需要选用( )编码

5. 10-4 线优先编码器 74LSl47,有( )路输入被编信号,输出( )路 BCD 码编码信号。

二、判断题

1. 将二进制数码(0 或 1)按一定规则组成代码表示一个特定对象,称为八进制编码。( )

2. n 位二进制代码最多可以表示 2^n 个事件,其编码器称为 2^n-n 线二进制编码器。( )

3. 如果编码器有 8 个输入 $I_0 \sim I_7$,有 3 个输出,为 3 位二进制代码 $A_2A_1A_0$,该编码器称为 3-8 线二进制编码器。( )

4. 8-3 线二进制编码器,输入 I_0、I_1、$\cdots$、I_7 是有约束条件的,即任何时刻只能有一个输入为 1,其他输入均为 0。( )

5. 若编码电路输入为 8421BCD 码,则称为 8421BCD 编码器。( )

三、选择题

1. 若被编对象为 16 路信号,输出则应有( )位二进制代码,

　　A. 1　　　　　　　　B. 2　　　　　　　　C. 3　　　　　　　　D. 4

2. ( )广泛应用于计算机系统中的中断请求和数字控制的排队逻辑电路中。

A. 译码器　　　　B. 优先编码器　　　C. 门电路　　　　D. 译码和编码电路

3. 若 10-4 线优先编码器 74LS147 的输入信号 $\overline{I_1}$、$\overline{I_7}$ 的信号都为 0,其他为 1 时,则输出信号 $\overline{Y_3}\ \overline{Y_2}\ \overline{Y_1}\ \overline{Y_0}$ 为(　　)。

A. 0001　　　　　B. 0010　　　　　C. 1110　　　　　D. 1101

四、简答题

1. 组合逻辑电路有什么特点?

2. 何谓编码? 编码电路的作用是什么?

3. 优先编码器有何特点?

任务 2　译码器电路的装配与调试

任务引入

译码是编码的逆过程,是将输入特定含意的二进制代码"翻译"成对应的输出信号。而实现译码的数字电路就是译码电路,具有译码功能的 MSI 芯片称为译码器。显然,若译码器有 n 个输入端,则最多有 2^n 个输出端,这种译码器被称为 $n-2^n$ 线译码器。译码输入不限于自然二进制码,还可输入其他码,如 8421BCD 码和余 3 码等。若译码器只有一个输出端为有效电平,其余输出端为相反电平,这种译码电路称为"唯一"地址译码电路,也称为基本译码器,常用于计算机中对存储单元地址的译码;另外,也可以有多个输出有效电平,如七段显示译码器等。

相关知识

1. 基本译码器的功能描述

74LS138 是最常用的集成译码器之一,图 6-6 是它的符号图和引脚图。74LS138 有 3 个译码输入端 A_2、A_1 和 A_0,8 个输出端 $Y_0 \sim Y_7$,因此又称为 3-8 线译码器。图中 ST_B、$\overline{ST_C}$ 和 ST_A 是 3 个控制输入端(使能控制端),当 $\overline{ST_B} = \overline{ST_C} = 0$,$ST_A = 1$ 时,译码器处于工作状态,否则译码器被禁止(即译码器不工作)。

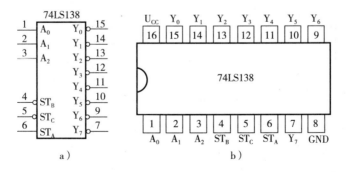

图 6-6　74LS138 的符号图和引脚图

在分析具有控制输入端的组合电路时,要分清功能输入信号(如 74LS138 的 A_2、A_1、

A_0)和控制输入信号(如 74LS138 的 $\overline{ST_B}$、$\overline{ST_C}$、ST_A)。只有控制输入处于有效(使能)状态时,功能输入与输出之间才有相应的逻辑关系。控制输入端还可用作扩展译码器输入。

由 74LS138 的功能表 6 - 7 可知,当 $ST_A = 0$ 或者 $\overline{ST_B} + \overline{ST_C} = 1$ 时,译码器被禁止。即无论输入 $A_2 A_1 A_0$ 为何状态,译码器输出全为 1,表示无译码输出。

表 6 - 7　3 - 8 线译码器 74LS138 的功能表

控制输入		译码输入			输出							
ST_A	$\overline{ST_B} + \overline{ST_C}$	A_2	A_1	A_0	$\overline{Y_0}$	$\overline{Y_1}$	$\overline{Y_2}$	$\overline{Y_3}$	$\overline{Y_4}$	$\overline{Y_5}$	$\overline{Y_6}$	$\overline{Y_7}$
$\times$	1	$\times$	$\times$	$\times$	1	1	1	1	1	1	1	1
0	$\times$	$\times$	$\times$	$\times$	1	1	1	1	1	1	1	1
1	0	0	0	0	0	1	1	1	1	1	1	1
1	0	0	0	1	1	0	1	1	1	1	1	1
1	0	0	1	0	1	1	0	1	1	1	1	1
1	0	0	1	1	1	1	1	0	1	1	1	1
1	0	1	0	0	1	1	1	1	0	1	1	1
1	0	1	0	1	1	1	1	1	1	0	1	1
1	0	1	1	0	1	1	1	1	1	1	0	1
1	0	1	1	1	1	1	1	1	1	1	1	0

2. 译码器的扩展

74LS138 的 3 个控制端为译码器的扩展及灵活应用提供了方便。例如用两片 74LS138 按图 6 - 7 连接,可方便地扩展成为 4 - 16 线译码电路。图中将两片 74LS138 的 3 个输入端 A_2、A_1、A_0 分别连接,作为电路的输入 A_2、A_1、A_0,将第一片的 $\overline{ST_C}$ 和第二片的 ST_A 与 A_3 连接,其余控制端按图接有效电平。当输入 $\overline{ST} = 1$ 时,两片 74LS138 均被禁止。当 $\overline{ST} = 0$ 时,哪片 74LS138 工作取决于 A_3 的值。当 $A_3 = 0$ 时,第一片 74LS138 工作,将 $A_3 A_2 A_1 A_0$ 对应的 0000～0111 这 8 个二进制代码,分别译为 $\overline{Y_0} \sim \overline{Y_7}$ 8 个低电平信号;当 $A_3 = 1$ 时,第二片 74LS138 工作。

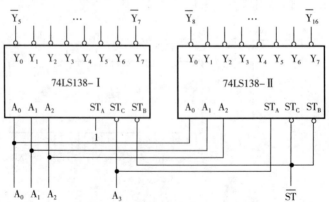

图 6 - 7　3 - 8 线译码器扩展为 4 - 16 线译码器

将 $A_3A_2A_1A_0$ 对应的 1000~1111 这 8 个二进制代码分别译为 $\overline{Y_8}$~$\overline{Y_{15}}$ 8 个低电平信号，从而实现 4-16 线译码电路的功能。扩展后的译码电路可以用图 6-8 中的 4-16 线译码功能框图来代替。

常用的 4-16 线译码器有 74HC154、CD4514B、CD4515B 等。

如图 6-9 所示为 4-16 线译码器 74HC154 的引脚图，其中 A、B、C、D 为 4 个输入端，Y_0-Y_{15} 为 16 个输出，其功能表见表 6-8 所列。

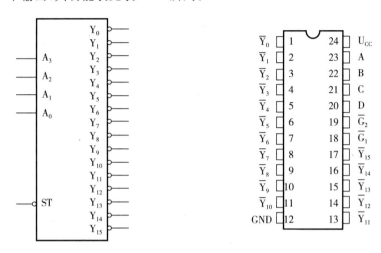

图 6-8　4-16 线译码器功能框图　　　　图 6-9　74HC154 引脚图

由表可知，只有当 $\overline{G_1}$ 和 $\overline{G_2}$ 都为低电平时，译码器才工作，16 个输出端对应一端选通输出；当 $\overline{G_1}$ 和 $\overline{G_2}$ 为其他的状态时，无输出。

表 6-8　74HC154 功能表

输　入						输　出															
$\overline{G1}$	$\overline{G2}$	D	C	B	A	$\overline{Y_0}$	$\overline{Y_1}$	$\overline{Y_2}$	$\overline{Y_3}$	$\overline{Y_4}$	$\overline{Y_5}$	$\overline{Y_6}$	$\overline{Y_7}$	$\overline{Y_8}$	$\overline{Y_9}$	$\overline{Y_{10}}$	$\overline{Y_{11}}$	$\overline{Y_{12}}$	$\overline{Y_{13}}$	$\overline{Y_{14}}$	$\overline{Y_{15}}$
0	0	0	0	0	0	0	1	1	1	1	1	1	1	1	1	1	1	1	1	1	1
0	0	0	0	0	1	1	0	1	1	1	1	1	1	1	1	1	1	1	1	1	1
0	0	0	0	1	0	1	1	0	1	1	1	1	1	1	1	1	1	1	1	1	1
0	0	0	0	1	1	1	1	1	0	1	1	1	1	1	1	1	1	1	1	1	1
0	0	0	1	0	0	1	1	1	1	0	1	1	1	1	1	1	1	1	1	1	1
0	0	0	1	0	1	1	1	1	1	1	0	1	1	1	1	1	1	1	1	1	1
0	0	0	1	1	0	1	1	1	1	1	1	0	1	1	1	1	1	1	1	1	1
0	0	0	1	1	1	1	1	1	1	1	1	1	0	1	1	1	1	1	1	1	1
0	0	1	0	0	0	1	1	1	1	1	1	1	1	0	1	1	1	1	1	1	1
0	0	1	0	0	1	1	1	1	1	1	1	1	1	1	0	1	1	1	1	1	1
0	0	1	0	1	0	1	1	1	1	1	1	1	1	1	1	0	1	1	1	1	1
0	0	1	0	1	1	1	1	1	1	1	1	1	1	1	1	1	0	1	1	1	1

（续表）

输 入						输 出															
0	0	1	1	0	0	1	1	1	1	1	1	1	1	1	1	1	1	0	1	1	1
0	0	1	1	0	1	1	1	1	1	1	1	1	1	1	1	1	1	1	0	1	1
0	0	1	1	1	0	1	1	1	1	1	1	1	1	1	1	1	1	1	1	0	1
0	0	1	1	1	1	1	1	1	1	1	1	1	1	1	1	1	1	1	1	1	0
1	×	×	×	×	×	1	1	1	1	1	1	1	1	1	1	1	1	1	1	1	1
×	1	×	×	×	×	1	1	1	1	1	1	1	1	1	1	1	1	1	1	1	1

任务实施

1. 实训电路

常用的 2-4 译码芯片有 74139，该芯片具有双 2-4 译码功能，其功能表见表 6-9 所列，芯片引脚如图 6-10 所示。A、B 是译码器的 2 个输入，Y_0、Y_1、Y_2、Y_3 是译码器的 4 个输出，$\overline{G}$ 为使能端。

表 6-9 74139 功能表

输 入			输 出			
允许	选择					
$\overline{G}$	B	A	Y_0	Y_1	Y_2	Y_3
1	×	×	1	1	1	1
0	0	0	0	1	1	1
0	0	1	1	0	1	1
0	1	0	1	1	0	1
0	1	1	1	1	1	0

该芯片可以当成两个 2-4 译码器使用，也可以将两个译码器组合成具有其他逻辑功能的电路，根据不同的组合可实现不同功能。如图 6-11 所示为由 74139 构成的 3-8 译码器，也是本次实训的装配电路。

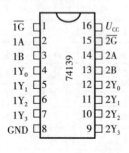

6-10 74139 引脚图

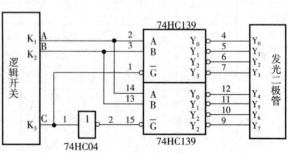

6-11 74139 构成的 3-8 译码器

2. 器件、器材

3-8 译码器电路所需的元器件见表6-10 所列。

表6-10 译码器电路元器件(材)明细表

序号	名称	元件型号	规格说明	数量
1	非门	74HC04	6组反相器	1
2	2-4译码器	74HC139	双路2-4译码器	1
3	导线若干			
4	印制电路板(或万能板)		配套印制电路板或单孔板	1

3. 装配要求

装配工艺要求:

(1)集成块底部贴紧电路板。

(2)布线正确,焊点合格,无漏焊、虚焊、短路现象。

4. 电路组装

元器件布局完成后,按原理图完成元器件焊接与线路连接,并自检焊接时有无短路与虚焊,以及错误连接情况。焊接时应做到焊点光滑圆亮,大小均匀,无虚焊和漏焊;连接导线颜色要规范(请查相关资料)。焊接完成后,保留元器件引脚长度1~1.5mm,然后剪去多余长度。剪切时不得让引脚承受过大的机械拉力,以免造成焊点松动。

5. 功能检测与调试

装配完成后应首先进行自检,正确无误后才能进行调试。

从输入端CBA分别输入二进制代码000~111,观察发光二极管分别测试译码器的输出逻辑电平,填写译码器的真值表。

表6-11 译码器真值表

输入			输出							
C	B	A	Y_0	Y_1	Y_2	Y_3	Y_4	Y_5	Y_6	Y_7

6. 检查评议

评分标准见表6-12所列。

表6-12 评分标准

序号.	项目内容	评分标准	分值	扣分	得分
1	态度	1. 工作的积极性； 2. 安全操作规程的遵守情况； 3. 纪律遵守情况。	30		
2	电路安装	1. 电路安装正确情况； 2. 电路焊接安装、工艺情况。	40		
3	电路功能测试	1. 译码器的功能验证； 2. 表格记录测试结果。	30		
4	合计		100		
5	时间	90min			

7. 注意事项

(1)焊接集成电路管脚时注意焊接时间不能超过 2s,不能出现管脚粘连现象。

(2)测试中若某些逻辑关系不正确,则应检查非门 74HC04 是否完好,接线是否正确,进行故障排除。

习　题

一、填空题

1. 译码是( )的逆过程,是将输入特定含意的二进制代码"( )"成对应的输出信号。

2. 若译码器只有一个输出端为有效电平,其余输出端为相反电平,这种译码电路称为( )地址译码电路,也称为基本译码器。

3.74LS138 是最常用的集成译码器之一,有 3 个译码输入端 A_2、A_1 和 A_0 8 个输出端 $Y_0 \sim Y_7$,因此又称为( )线译码器。

4. 译码输入不限于自然( ),还可输入其他码,如 8421BCD 码和余 3 码等。

5.74LS138 译码器电路中,当( )或者 $\overline{ST_B} + \overline{ST_C} = 1$ 时,译码器被( )。此时无论输入 $A_2 A_1 A_0$ 为何状态,译码器输出全为( )。

二、判断题

1. 在组合逻辑电路中,只要有功能输入,输出端就能输出与之有相应逻辑关系的电平。( )

2. 译码器的译码输入只限于自然二进制码。( )

3.4-16 线译码器 74HC154,有 16 个输入端,4 个输出端。( )

4. 只需要两个 2-4 译码器,就可以扩展成一个 3-8 译码器。( )

5.74139 译码芯片是双 2-4 译码器,只能当成 2 片 2-4 译码器使用。( )

三、选择题

1. 若译码芯片有输入为 3 路信号,则输出则应有( )路信号。

A. 3　　　　　　　B. 6　　　　　　　C. 8　　　　　　　D. 9

2.74LS138 译码器电路,如果 $ST_A = 0$,$A_2 A_1 A_0 = 000$,则译码器输出为( )。

A. 全 1　　　　　B. 全 0　　　　　C. 任意值　　　　D. 101

3. 当 $\overline{ST_B} = \overline{ST_C} = 0$,$ST_A = 1$ 时,译码器处于( )状态。

A. 保持　　　　　B. 翻转　　　　　C. 禁止　　　　　D. 工作

4. 将 74LS138 扩展成 4 - 16 线译码器,则至少需要(　　)片 74LS138 芯片。
　　A. 1 　　　　　　　 B. 2 　　　　　　　 C. 4 　　　　　　　 D. 8

5. 4 - 16 线译码器 74HC154,当 $\overline{G1}$ 和 $\overline{G2}$ 为(　　)电平信号时,译码器才工作。
　　A. 高、低 　　　　 B. 都为高 　　　　 C. 低、高 　　　　 D. 都为低

四、简答题

1. 何谓译码? 译码电路的作用是什么?

2. 在功能电路中设置控制端有什么作用?

3. 用 74LS138 译码器构成 6 - 64 线译码器电路,至少需要多少块 74LS138 译码器?

任务 3　BCD——七段译码显示电路的装配与测试

任务引入

数字系统中使用的是二进制数,但在数字测量仪表和各种显示系统中,为了便于表示测量和运算的结果以及对系统的运行情况进行监测,常需将数字量用人们习惯的十进制字符直观地显示出来,这就要靠专门的译码电路把二进制数译成能够显示相应十进制字符的代码,通过驱动电路由数码显示器显示出来。在中规模集成电路中,常把译码和驱动电路集于一体,用来驱动数码管,如 BCD——七段显示译码器。

相关知识

七段数码管的结构及工作原理

七段数码管(也称 LED 数码管)的结构如图 6 - 12 所示,它有七个发光段(a、b、c、d、e、f、g);图 6 - 13 是显示的数码、相应的 BCD 码和发光段之间的对应关系。

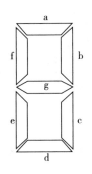

显示数码	0	1	2	3	4
BCD码	0000	0001	0010	0011	0100
发光段	abc def	bc	abd eg	abc dg	bc fg
显示数码	5	6	7	8	9
BCD码	0101	0110	0111	1000	1001
发光段	acd fg	cde fg	abc	abc defg	abc fg

图 6 - 12　七段数码管的结构　　　　图 6 - 13　BCD 码相应发光段对照表

LED 数码管的每段为一个或数个发光二极管,加上适当的电压时,对应段就发光。这种数码管的内部有共阳极接法和共阴极接法两种。图 6 - 14 为共阳极接法,即内部发光二极管的阳极接在公共电源上。当某发光二极管的阴极经过限流电阻 R 接低电平时,该段亮;

若接高电平,该段灭。因此,使某些段同时接低电平点亮,可显示一个十进制数码。共阴极接法的数码管则是阴极共同接地,阳极经限流电阻接高电平,使相应段被驱动而发光,显示十进制数码。

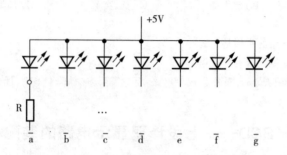

图 6-14 共阳极 LED 数码管内部接法

由此可见,当选用共阳极 LED 数码管时,应使用低电平有效的七段译码器驱动(如7446、7447);当选用共阴极 LED 数码管时,应使用高电平有效的七段译码器驱动(如7448、7449)。通常 1 英寸以上数码管的每个发光段由多个二极管复联组成,需要较大的驱动电压和电流,由于 TTL 集成电路的低电平驱动能力比高电平驱动能力大得多,所以常用低电平有效 OC 门输出的七段译码器。

1. BCD——七段译码器

图 6-15 给出了 BCD 七段译码器 74LS47 的符号图和引脚图。其功能见表 6-13 所列。由表可以看出,该电路的输入 $A_3A_2A_1A_0$ 是 4 位 BCD 码,输出是驱动数码管工作的七段反码$\bar{a} \sim \bar{g}$。表中反码为 0 表示该段点亮,为 1 表示熄灭,完全符合图 6-13 中的规律。需要注意的是:74LS47 输入 4 位码对应的输出是 7 位码,不像基本译码器只有一个端子输出有效译码信号。严格地说,这种电路称为代码变换器更为确切,但习惯上仍称之为 BCD——七段显示译码器。

表 6-13 BCD——七段显示译码器 74LS47 功能表

十进制数字或功能	输 入							输 出							显示字型
	$\overline{LT}$	$\overline{RBI}$	A_3	A_2	A_1	A_0	$\overline{BI}/\overline{RBO}$	$\bar{a}$	$\bar{b}$	$\bar{c}$	$\bar{d}$	$\bar{e}$	$\bar{f}$	$\bar{g}$	
0	1	1	0	0	0	0	1	0	0	0	0	0	0	1	
1	1	×	0	0	0	1	1	1	0	0	1	1	1	1	
2	1	×	0	0	1	0	1	0	0	1	0	0	1	0	
3	1	×	0	0	1	1	1	0	0	0	0	1	1	0	
4	1	×	0	1	0	0	1	1	0	0	1	1	0	0	
5	1	×	0	1	0	1	1	0	1	0	0	1	0	0	

（续表）

十进制数字或功能	输入							输出							显示字型
	$\overline{LT}$	$\overline{RBI}$	A_3	A_2	A_1	A_0	$\overline{BI}/\overline{RBO}$	$\overline{a}$	$\overline{b}$	$\overline{c}$	$\overline{d}$	$\overline{e}$	$\overline{f}$	$\overline{g}$	
6	1	×	0	1	1	0	1	1	1	0	0	0	0	0	6
7	1	×	0	1	1	1	1	0	0	0	1	1	1	1	7
8	1	×	1	0	0	0	1	0	0	0	0	0	0	0	8
9	1	×	1	0	0	1	1	0	0	0	1	1	0	0	9
10	1	×	1	0	1	0	1	1	1	1	0	0	1	0	⊏
11	1	×	1	0	1	1	1	1	1	0	0	1	1	0	⊐
12	1	×	1	1	0	0	1	1	0	1	1	1	0	0	Ц
13	1	×	1	1	0	1	1	0	1	1	0	1	0	0	⊏
14	1	×	1	1	1	0	1	1	1	1	0	0	0	0	⊏
15	1	×	1	1	1	1	1	1	1	1	1	1	1	1	熄灭
$\overline{BI}$	×	×	×	×	×	×	0	1	1	1	1	1	1	1	熄灭
$\overline{RBI}$	1	0	0	0	0	0	0	1	1	1	1	1	1	1	熄灭
$\overline{LT}$	0	×	×	×	×	×	1	0	0	0	0	0	0	0	8

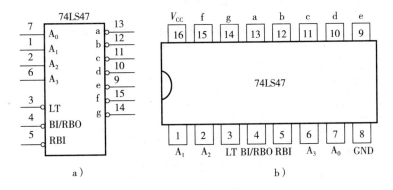

图 6-15 七段译码器 74LS47 符号图和引脚图

为了增强器件的功能，集成 BCD——七段译码器 74LS47 增加了 $\overline{LT}$、$\overline{RBI}$ 和 $\overline{BI}/\overline{RBO}$ 辅助控制信号。$\overline{LT}$ 是试灯输入，用来测试七段数码管的好坏，当 $\overline{LT}=0$，$\overline{BI}/\overline{RBO}=1$ 时，不论

$\overline{RBI}$和 $A_3A_2A_1A_0$输入为何值,数码管的七段全亮,工作时应置$\overline{LT}=1$。$\overline{RBI}$是灭零输入,用来熄灭不需要显示的 0。$\overline{BI}$是熄灭信号输入,可控制数码管是否显示。$\overline{RBO}$是灭零输出。$\overline{RBO}$和$\overline{BI}$在芯片内部是连在一起的,共用一根引脚$\overline{BI}/\overline{RBO}$引出。当$\overline{LT}=1$,$\overline{RBI}=0$,且 $A_3A_2A_1A_0=0000$ 时,数码管不显示,$\overline{BI}/\overline{RBO}$输出为 0。在多位数显示电路中,在显示数据小数点左边,将高位的$\overline{BI}/\overline{RBO}$端与相邻低位的$\overline{RBI}$端相连,最高位$\overline{RBI}$端接地;在小数点右边将低位的$\overline{BI}/\overline{RBO}$端接到相邻高位的$\overline{RBI}$端上,最低位的$\overline{RBI}$端接地。这样,可将有效数字前后的零灭掉。具体电路这里不再赘述。

常用的 BCD——七段显示译码器还有 7446、7448、74347、CD4056B 等。

任务实施

1. 实训电路

实训电路原理图如图 6 - 16 所示。图中,七段显示译码器 7448 是一种与共阴极七段 LED 数码管配合使用的集成译码器,BS201A 为共阴极七段 LED 数码管显示器。

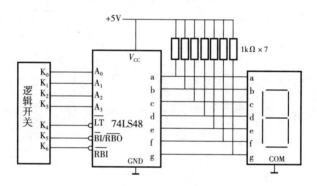

图 6 - 16 译码、显示电路

2. 器件、器材

BCD——七段译码显示电路所需元器件见表 6 - 14 所列。

表 6 - 14 BCD - 七段译码显示电路元器件(材)明细表

序号	名称	型号	规格说明	数量
1	七段显示译码器	74LS48		1
2	数码管	BS201A		1
3	电阻		1kΩ/0.25W	7
4	导线若干			
5	印制电路板(或万能板)		配套印制电路板或单孔板	1

3. 装配要求

装配工艺要求:

(1)集成块底部贴紧电路板。

(2)布线正确,焊点合格,无漏焊、虚焊、短路现象。

4. 电路组装

元器件布局完成后,按原理图完成元器件焊接与线路连接,并自检焊接时有无短路与虚焊,以及错误连接情况。焊接时应做到焊点光滑圆亮,大小均匀,无虚焊和漏焊;连接导线颜色要规范(请查相关资料)。焊接完成后,保留元器件引脚长度1~1.5mm,然后剪去多余长度。剪切时不得让引脚承受过大的机械拉力,以免造成焊点松动。

5. 功能检测与调试

按以下步骤,验证七段显示译码器、数码管的逻辑功能。

(1)7448正常译码显示

将$\overline{LT}$,$\overline{BI}$/$\overline{RBO}$端都接高电平,对输入端输入十进制数1~15的二进制码(0001~1111),观察产生对应的七段显示码,并记录于表6-15中。

表6-15 七段显示译码器正常译码显示功能表

输 入				输 出
A_3	A_2	A_1	A_0	数码管显示情况
0	0	0	1	
0	0	1	0	
0	0	1	1	
0	1	0	0	
0	1	0	1	
0	1	1	0	
0	1	1	1	
1	0	0	0	
1	0	0	1	
1	0	1	0	
1	0	1	1	
1	1	0	0	
1	1	0	1	
1	1	1	0	
1	1	1	1	

(2)7448灭零显示

将$\overline{LT}$接高电平,输入端接入为0的二进制码0000时,先将$\overline{RBI}$接高电平,观察七段显示码的显示情况,并记录于表6-16中;再将$\overline{RBI}$接低电平,观察七段显示码的显示情况,并记录于表6-16中。

表 6-16　七段显示译码器灭灯功能表

$\overline{BI/RBO}$	$\overline{RBI}$	A_3	A_2	A_1	A_0	数码管显示情况
0	1	0	0	0	0	
1	1	0	0	0	0	
0	0	0	0	0	0	
1	0	0	0	0	0	

(3)7448 试灯显示

将LT接低电平,其他信号接任意值,观察七段显示码的显示情况,并记录于表 6-17 中。

表 6-17　七段显示译码器试灯功能表

$\overline{BI/RBO}$	$\overline{RBI}$	A_3	A_2	A_1	A_0	数码管显示情况
0	1	×	×	×	×	
1	1	×	×	×	×	
0	0	×	×	×	×	
1	0	×	×	×	×	

6. 检查评议

评分标准见表 6-18 所列。

表 6-18　评分标准

序号	项目内容	评分标准	分值	扣分	得分
1	态度	1. 工作的积极性; 2. 安全操作规程的遵守情况; 3. 纪律遵守情况。	30		
2	电路安装	1. 电路安装正确情况; 2. 电路焊接安装、工艺情况。	30		
3	电路功能测试	1. 译码驱动、LED 显示器的功能验证; 2. 表格记录测试结果。	40		
4	合计		100		
5	时间	90min			

7. 注意事项

(1)焊接集成电路管脚时注意焊接时间不能超过 2s,不能出现管脚粘连现象。

(2)测试中若出现数码管太暗或者太亮,可以降低或提高上拉电阻阻值进行改善。

(3)若测试过程中出现数码管不能按照正常的译码显示,则可先进行步骤 3 进行试灯功能验证,测试数码管是否完好。

习　题

一、填空题

1. 数字系统中使用的是(　　　)进制数,但在数字测量仪表和各种显示系统中,为了便于表示测量和运算的结果以及对系统的运行情况进行监测,常需将数字量用人们习惯的(　　　)进制字符直观地显示出来。

2. 在中规模集成电路中,常把(　　　)和(　　　)电路集于一体,用来驱动数码管,如 BCD——七段显示译码器。

3. LED 数码管的每段为一个或数个发光二极管,加上适当的电压时,对应段就(　　　)。这种数码管的内部有(　　　)接法和共阴极接法两种。

4. 74LS47 输入 4 位码对应的输出是(　　　)位码,不像基本译码器只有(　　　)个端子输出有效译码信号。

5. 74LS47 芯片引脚中,$\overline{LT}$ 是(　　　)输入,用来测试七段数码管的好坏。

二、判断题

1. 74LS47 称为代码变换器更为确切,但习惯上仍称之为 BCD—七段显示译码器。(　　　)

2. 七段数码管,也称 LED 数码管,它有七个发光段,对应内部的七个发光二极管。(　　　)

3. 将内部发光二极管的阳极接在公共电源上。当某发光二极管的阴极经过限流电阻 R 接低电平时,该段亮;若接高电平,该段灭。称为数码管共阴极接法。(　　　)

4. 当选用共阴极 LED 数码管时,应使用低电平有效的七段译码器驱动。(　　　)

5. 74LS47 芯片引脚中,$\overline{RBI}$ 是试灯输入,用来测试七段数码管的好坏。(　　　)

三、选择题

1. 若要数码管显示 9,则对应的 BCD 码是(　　　)。

　A. 1000　　　　　　B. 1001　　　　　　C. 1111　　　　　　D. 0000

2. 图 6 - 12 中的数码管,若显示字母 A,则需点亮的数码段是(　　　)。

　A. abcefg　　　　　B. bcdefg　　　　　C. abcdef　　　　　D. abcdegf

3. 共阴极接法的数码管则是(　　　)共同接地,阳极经限流电阻接高电平,使相应段被驱动而发光,显示十进制数码。

　A. 阳极共同接地　　B. 阴极共同接地　　C. 阴极不共同接地　　D. 阳极直接接电源

4. 74LS48 芯片,当 $\overline{LT}=0$,$BI/\overline{RBO}=1$ 时,不论 $\overline{RBI}$ 和 $A_3A_2A_1A_0$ 输入为何值,数码管的七段(　　　)。

　A. 亮灭和 $A_3A_2A_1A_0$ 值对应　　　　　　B. 全灭

　C. 全亮　　　　　　　　　　　　　　　　D. 任意状态

5. 74LS48 芯片,当 $\overline{LT}=1$,$BI/\overline{RBO}=1$ 时,芯片处于(　　　)状态

　A. 试灯　　　　　　B. 灭零　　　　　　C. 正常工作　　　　D. 禁止工作

四、简答题

简述 74LS48 芯片的几种工作状态和意义?

项目七　触发器

在数字系统中,不但要对数字信号进行算术运算和逻辑运算,而且还需要将运算结果保存起来,这就需要具有记忆功能的逻辑器件——触发器。每个触发器能够存贮一位二进制数字信号,是组成时序数字电路最重要的基本单元电路。触发器具有两个稳态,可分别用来表示二进制数码 0 和 1;在输入信号的作用下,触发器的两个稳定状态可以相互转换,输入信号消失后,已转化的稳定状态可长期保存下来。因此,它是一个具有记忆功能的基本逻辑电路,在电子计算机和数字系统中应用十分广泛。

触发器由门电路组成,它有一个或多个输入端,有两个互补输出端,分别用 Q 和 $\overline{Q}$ 表示。通常用 Q 端的输出状态表示触发器的状态。当 $Q=1,\overline{Q}=0$ 时,称为触发器的 1 状态,记为 $Q=1$;当 $Q=0,\overline{Q}=1$ 时,称为触发器的 0 状态,记为 $Q=0$。把触发器在接收信号前所处的状态称为现态,用 Q^n 表示;把触发器在接收信号后建立的稳定状态称为次态,用 Q^{n+1} 表示。触发器的次态由输入信号值和触发器的现态决定。

任务 1　RS 触发器的装配与调试

任务引入

触发器的种类较多。根据其逻辑功能不同,触发器可分为 RS 触发器、D 触发器、JK 触发器、T 触发器和 T' 触发器等。将具有置 0,置 1 和保持功能的触发器定义为 RS 触发器。基本 RS 触发器是一种最简单的触发器,是构成各种功能触发器的基本单位。同步 RS 触发器是一种改进的基本 RS 触发器。

相关知识

1. 基本 RS 触发器电路

基本 RS 触发器有两个输入端称为 $\overline{R}$ 和 $\overline{S}$,有两个互补的输出称为 Q 和 $\overline{Q}$,通常将 Q 端状态作为触发器的状态。RS 触发器为 1 状态时,即 $Q=1,\overline{Q}=0$;RS 触发器为 0 状态时,即 $Q=0,\overline{Q}=1$。基本 RS 的电路和符号图如图 7-1 所示。

R、S 上加的非号"—",表示负脉冲触发,即低电平有效;不加非号的,表示正脉冲触发,即高电平有效。

基本 RS 触发电路有两个稳定的状态,0 状态和 1 状态。

触发器在外加信号作用下,状态发生了转换,称为"翻转",没有发生转换称为"保持"。

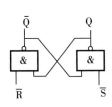 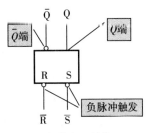

a）基本RS触发器电路器逻辑符号　　　b）基本RS触发

图 7-1　RS 触发器电路和符号

外加的信号称为"触发脉冲"。

根据基本 RS 触发器输入状态的不同,触发器工作分 4 种情况:

当 $\overline{R}=0,\overline{S}=1$ 时,此时无论触发器原来为什么状态,都将使触发器的次态 $Q^{n+1}=0$,即称为触发器被置 0,又称为触发器被复位。

当 $\overline{R}=1,\overline{S}=0$ 时,此时无论触发器原来为什么状态,都将使触发器的次态 $Q^{n+1}=1$,即称为触发器被置 1,又称为触发器被置位。

当 $\overline{R}=\overline{S}=1$ 时,此时 $Q^{n+1}=Q^n$,触发器维持原状态不变。

当 $\overline{R}=\overline{S}=0$ 时,此时难以确定 Q^{n+1} 的状态,称为触发器的状态不定。这种情况在触发器正常工作时不允许出现。

基本 RS 触发器的真值表见表 7-1 所列。

表 7-1　基本 RS 触发器真值表

输　入		输　出		功能
$\overline{R}$	$\overline{S}$	Q^n	Q^{n+1}	
0	1	0 1	0 0	置 0
1	0	0 1	1 1	置 1
1	1	0 1	0 1	保持
0	0	0 1	× ×	不定

$\overline{R}$ 输入端输入有效信号可使基本 RS 触发器置 0 或复位,故称为置 0 端或复位端,输入低电平有效;$\overline{S}$ 输入端输入有效信号可使基本 RS 触发器置 1 或置位,故称为置 1 端或置位端,输入低电平有效;其工作时序图如图 7-2 所示。

基本 RS 触发器的优点是电路简单,可以存放一位二进制数;缺点是输入信号直接控制输出,当输入信号出现扰动的时候,输出状态随之发生变化,抗干扰能力差,同时输入信号之

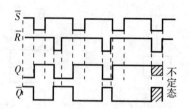

图 7-2　基本 RS 触发器工作时序图

间有约束,使用不方便。

2. 同步 RS 触发器电路

同步 RS 触发器是为了克服基本 RS 触发器直接控制的缺点,而在基本 RS 触发器的基础上改进的一种触发器,如图 7-3a)所示。同步 RS 触发器有 3 个输入端 R、S 和 CP,两个输出端 Q 和 $\overline{Q}$,其中 R、S 为触发器的置 0、置 1 输入端,CP 为时钟控制信号。该触发器保留了基本 RS 触发器的原有功能,但是该功能只是在某些情况下有效。同步 RS 触发器多了一个时钟控制信号 CP,该输入信号又称为选通脉冲。当 CP＝0 时,基本 RS 触发器的输入信号无效,触发器保持原状态不变;当 CP＝1 时,触发器才开始接收信号,实现 RS 触发器的功能。

如图 7-3 所示为同步 RS 触发器的电路图和逻辑符号。

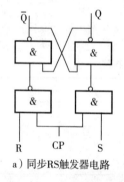

a)同步RS触发器电路

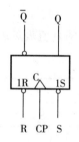

b)同步RS触发器逻辑符号

图 7-3　同步 RS 触发器电路和逻辑符号

当 CP＝1 时,触发器状态由输入端 R 和 S 决定。

R＝S＝0 时,触发器保持;R＝1,S＝0 时,触发器置 0,复位;R＝0,S＝1 时,触发器置 1,置位;当 R＝S＝1 时,触发器状态不定,正常情况下,该存在不允许出现。

当 CP＝0 时,触发器的输入信号 R 和 S 无效,触发器保持原状态不变。具体真值表见表 7-2 所列,时序图如图 7-4 所示。

表 7-2　同步 RS 触发器真值表

S	R	Q^{n+1}
0	0	Q^n
0	1	0
1	0	1

（续表）

S	$\bar{R}$	Q^{n+1}
1	1	不定

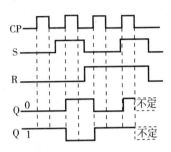

7-4　同步 RS 触发器时序图

任务实施

1. 实训电路

RS 触发器原理装配电路如图 7-5 所示。

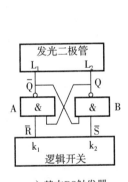

a）基本RS触发器

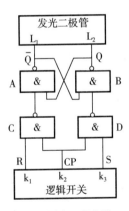

b）同步RS触发器

图 7-5　RS 触发器

2. 器件、器材

所需仪表、工具:常用电子组装工具一套、直流稳压电源一台、万用表一只。所需电子元器件及材料见表 7-3 所列。

表 7-3　基本 RS 触发器电路元器件(材)明细表

序号	名称	型号	规格说明	数量
1	与非门	74LS00		2
2	发光二极管			4
3	开关			5

(续表)

序号	名称	型号	规格说明	数量
4	导线若干			
5	印制电路板(或万能板)		配套印制电路板或单孔板	1

3. 装配要求

装配工艺要求:

(1)集成块底部贴紧电路板。

(2)布线正确,焊点合格,无漏焊、虚焊、短路现象。

4. 电路组装

元器件布局完成后,按原理图完成元器件焊接与线路连接,并自检焊接时有无短路与虚焊,以及错误连接情况。焊接时应做到焊点光滑圆亮,大小均匀,无虚焊和漏焊;连接导线颜色要规范(请查相关资料)。焊接完成后,保留元器件引脚长度1~1.5mm,然后剪去多余长度。剪切时不得让引脚承受过大的机械拉力,以免造成焊点松动。

5. 功能检测与调试

(1)分别对基本RS触发器、同步RS触发器通电调试,使各电路满足逻辑功能的要求。

(2)根据不同的输入,观察对应的输出,填写各触发器的真值表。

表7-4 基本RS触发器真值表

输 入		输 出	
$\bar{R}$	$\bar{S}$	Q	$\bar{Q}$
0	0		
0	1		
1	0		
1	1		

表7-5 同步RS触发器真值表

输 入			输 出	
CP	R	S	Q	$\bar{Q}$
0	0	0		
0	0	1		
0	1	0		
0	1	1		
1	0	0		
1	0	1		

（续表）

输　入			输　出
1	1	0	
1	1	1	

6. 检查评议

评分标准见表 7-6 所列。

表 7-6　评分标准

序号	项目内容	评分标准	分值	扣分	得分
1	态度	1. 工作的积极性； 2. 安全操作规程的遵守情况； 3. 纪律遵守情况。	30		
2	电路安装	1. 电路安装正确情况； 2. 电路焊接安装、工艺情况。	30		
3	电路功能测试	1. 基本 RS 触发器的功能验证； 2. 同步 RS 触发器的功能验证； 3. 表格记录测试结果。	40		
4	合计		100		
5	时间	90min			

7. 注意事项

(1)焊接集成电路管脚时注意焊接时间不能超过 2s,不能出现管脚粘连现象。

(2)测试中若某些逻辑关系不正确,则应检查与非门 74LS00 是否完好,进行故障排除。

习　题

一、填空题

1. 触发器具有记忆的（　　）,可用来存储（　　）。

2. RS 触发器输入信号之间有（　　）,使用（　　）。

3. 基本 RS 触发器输入信号（　　）控制（　　）信号,电路的抗干扰能力差。

4. 同步 RS 触发器比基本 RS 触发器多了一个（　　）信号。

5. 同步 RS 触发器的输入信号之间有（　　）,起作用的时间受时钟脉冲的（　　）。

二、判断题

1. RS 触发器的输入信号取值是任意的。（　　）

2. RS 触发器不具有计数的功能。（　　）

3. 一个触发器可以存放两位二进制数。（　　）

4. RS 触发器具有置"0",置"1"和保持的功能。（　　）

5. 同步 RS 触发器之间有约束。（　　）

三、选择题

1. 触发器是由门电路组成的,它的特点是（　　）。

A. 具有记忆功能　　　B. 不具有记忆功能　　　C. 是组合电路　　　D. 不是组合电路

2. 基本 RS 触发器,当 R＝1、S＝0 时,触发器的状态为(　　)。

A. 置 0　　　　　　　B. 置 1　　　　　　　C. 保持　　　　　　D. 不定

3. 同步 RS 触发器,当 R＝0、S＝1 时,触发器的状态为(　　)。

A. 置 0　　　　　　　B. 置 1　　　　　　　C. 保持　　　　　　D. 不定

4. 同步 RS 触发器的在时钟信号 CP 为(　　)时有效。

A. 下降沿　　　　　　B. 任意　　　　　　　C. 高电平　　　　　D. 低电平

四、简答题

简述基本 RS 触发器和同步 RS 触发器的异同及各自的优缺点。

任务 2　其他功能触发器的装配与调试

任务引入

　　触发器中除了 RS 触发器外,使用较多的还有 JK 触发器、D 触发器和 T 触发器等。同种类触发器从内部结构上通常有主从触发器、边沿触发器之分,但其逻辑功能是相同的。由于目前集成触发器的大量使用,因此讨论触发器的结构和内部工作过程已经意义不大,在此仅对以上类型的触发器的功能进行讨论。

相关知识

1. JK 触发器

　　JK 触发器有两个输入端,分别称为 J 和 K;两个输出端 Q 和 $\overline{Q}$;输出端 Q 的状态将根据输入端 J、K 的状态,在外部时钟信号 CP 的控制下发生转换。JK 触发器的逻辑符号如图 7-6 所示。图 7-6a)、b)分别是上升沿触发的 JK 触发器和下降沿触发的 JK 触发器的逻辑符号,图中 CP 信号端无小圆圈表示上升沿触发,有小圆圈表示下降沿触发。

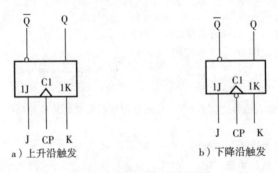

a) 上升沿触发　　　　　　　　　　　　b) 下降沿触发

图 7-6　JK 触发器逻辑符号

　　当输入 J＝0,K＝0 时,在 CP 信号的有效沿到来时,触发器保持原状态;当输入 J＝1,K＝0 时,在 CP 信号的有效沿到来时,触发器置 1;当输入 J＝0,K＝1 时,在 CP 信号的有效沿到来时,触发器置 0;当输入 J＝1,K＝1 时,在 CP 信号的有效沿到来时,触发器计数翻转。

所以 JK 触发器具有置 0、置 1、保持和计数的功能。

JK 触发器的真值表见表 7-7 所列。

表 7-7 JK 触发器的真值

J	K	Q^n	Q^{n+1}	功能
0	0	0	0	保持
0	0	1	1	
0	1	0	0	置 0
0	1	1	0	
1	0	0	1	置 1
1	0	1	1	
1	1	0	1	计数
1	1	1	0	

由表 7-7 可分析出,对于时钟脉冲为下降沿触发的 JK 触发器,在初始状态为 0 的情况下,如 J、K 输入不同信号时,其时序波形图如下:

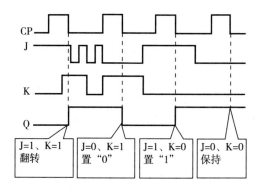

图 7-7 下降沿触发的 JK 触发器时序图

2. D 触发器

D 触发器是具有置"0"、置"1"逻辑功能的触发器。有一个输入端,称为 D;两个输出端 Q 和 $\overline{Q}$;输出端 Q 的状态将根据输入端 D 状态,在外部时钟信号 CP 的控制下发生转换。

当输入 D=0 时,在 CP 信号的有效沿到来时,触发器置 0;输入 D=1 时,在 CP 信号的有效沿到来时,触发器置 1。

D 触发器的逻辑符号如图 7-8 所示,D 触发器的真值表见表 7-8 所列。

表 7-8 D 触发器真值表

D	Q^{n+1}	逻辑功能
0	0	置 0
1	1	置 1

D 触发器工作时序图如图 7-9 所示。

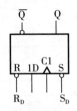
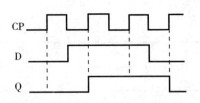

图 7-8 D 触发器逻辑符号　　　图 7-9 D 触发器工作时序图

3. T 触发器

T 触发器是具有计数和保持不变两种功能的触发器。有一个输入端,称 T;两个输出端 Q 和 $\overline{Q}$;输出端 Q 的状态将根据输入端 T 状态,在外部时钟信号 CP 的控制下发生转换。

当输入 T=0 时,在 CP 信号的有效沿到来时,触发器保持原状态;T=1 时,在 CP 信号的有效沿到来时,触发器计数翻转。T 触发器的逻辑符号如图 7-10 所示,T 触发器的真值表见表 7-9 所列。

表 7-9　T 触发器真值表

T	Q^n	Q^{n+1}	逻辑功能
0	0	0	保持
0	1	1	
1	0	1	翻转
1	1	0	

T 触发器工作时序图如图 7-11 所示。

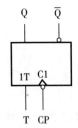
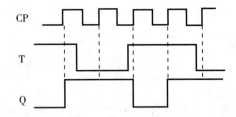

7-10　T 触发器逻辑符号　　　图 7-11　T 触发器工作时序图

任务实施

1. 实训电路

集成电路 74LS112 是一个具有下降边沿触发的双 JK 边沿触发器,引脚功能如图 7-12 所示。该芯片有两个 J 端输入,两个 K 端输入,可以当成两个 JK 触发器单独使用,也可以根据需要组合起来使用。另外 $\overline{R_D}$ 为复位端,低电平有效,具有清零功能;$\overline{S_D}$ 为置位端,低电平有效;具有置 1 功能。本实训主要测试 74LS112 集成芯片的功能。

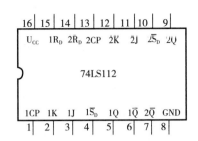

图 7 - 12　74LS112 引脚分布图

2. 器件、器材

所需仪表、工具:常用电子组装工具一套、直流稳压电源一台、信号发生器一台、万用表一只。所需电子元器件及材料见表 7 - 10 所列。

表 7 - 10　元器件(材)明细表

序号	名称	元件型号	规格说明	数量
1	JK 触发器	74LS112	双 JK 触发器	1
2	逻辑电平显示 LED			2
3	逻辑电平开关			5
4	导线若干			
5	印制电路板(或万能板)		配套印制电路板或单孔板	1

3. 功能检测与调试

按照以下步骤测试双 JK 触发器 74LS112 逻辑功能

(1)测试 $\overline{R}_D$、$\overline{S}_D$ 的复位、置位功能任取一只 JK 触发器,$\overline{R}_D$、$\overline{S}_D$、J、K、CP 端接逻辑开关输出端,Q、$\overline{Q}$ 端接至逻辑电平显示输入端。要求改变 $\overline{R}_D$、$\overline{S}_D$(J、K、CP 处于任意状态),并在 $\overline{R}_D = 0(\overline{S}_D = 1)$ 或 $\overline{S}_D = 0(\overline{R}_D = 1)$ 作用期间任意改变 J、K 及 CP 的状态,观察 Q、$\overline{Q}$ 状态。自拟表格并记录之,同时画出相应的波形时序图。

(2)测试 JK 触发器的逻辑功能

按表 7 - 11 的要求改变 J、K、CP 端状态,观察 Q、$\overline{Q}$ 状态变化,观察触发器状态更新是否发生在 CP 脉冲的下降沿(即 CP 由 1→0),记录之,并画出对应波形图。

表 7 - 11　JK 触发器测试功能表

J　　K	CP	Q^{n-1}	
		$Q^n = 0$	$Q^n = 1$
0　0	0→1	0	
	1→0	0	
0　1	0→1	0	
	1→0	0	

（续表）

J K	CP	Q^{n-1}	
		$Q^n=0$	$Q^n=1$
1 0	0→1	1	
	1→0	1	
1 1	0→1	1	
	1→0	1	

(3)将 JK 触发器的 J、K 端连在一起，构成 T 触发器。

在 CP 端输入 1Hz 连续脉冲，观察 Q 端的变化。

在 CP 端输入 1kHz 连续脉冲，用双踪示波器观察 CP、Q、$\overline{Q}$ 端波形，注意相位关系，自拟表格记录下来，并描绘之。

4. 检查评议

评分标准见表 7-12 所列。

表 7-12　评分标准

序号	项目内容	评分标准	分值	扣分	得分
1	态度	1. 工作的积极性； 2. 安全操作规程的遵守情况； 3. 纪律遵守情况。	20		
2	电路安装	1. 电路安装正确情况； 2. 电路焊接安装、工艺情况。	30		
3	电路功能测试	1.JK 触发器的功能验证； 2.T 触发器的功能验证； 3. 表格记录测试结果。	50		
4	合计		100		
5	时间	90min			

5. 注意事项

(1)焊接集成电路管脚时注意焊接时间不能超过 2s，不能出现管脚粘连现象。

(2)测试中若某些逻辑关系不正确，则应检查信号源，逻辑电平是否正确，接线是否正确，正确进行故障排除。

习　题

一、填空题

1. 触发器逻辑符号图中 CP 信号端无小圆圈表示（　　　）沿触发，有小圆圈表示（　　　）沿触发。

2.JK 触发器具有（　　）、（　　）、（　　）和（　　）四种功能。

3.D 触发器具有（　　）和（　　）两种功能。

4. T 触发器具有(　　)和(　　)两种功能。

5. 集成触发器通常都具有 $\overline{R}_D$、$\overline{S}_D$ 端子,其中 $\overline{R}_D$ 为(　　)信号输入端;$\overline{S}_D$ 为(　　)信号输入端。

二、判断题

1. JK 触发器具有 3 个输入端。(　　)

2. JK 触发器具有计数的功能。(　　)

3. D 触发器具有置"0",置"1"和保持的功能。。(　　)

4. T 触发器具有置"0",置"1"和保持的功能。(　　)

三、选择题

1. JK 触发器具有的功能有(　　)。

　　A. 置 0 和保持　　　　B. 置 1 和置 0　　　　C. 置 1 和计数　　　　D. 置 1、置 0、计数和保持

2. D 触发器具有的功能有(　　)。

　　A. 置 0 和保持　　　　B. 置 1 和置 0　　　　C. 保持　　　　D. 计数

3. T 触发器具有的功能有(　　)。

　　A. 计数和保持　　　　B. 置 1 和置 0　　　　C. 置 0 和保持　　　　D. 置 1、置 0、计数和保持

4. JK 触发器的输入信号取值(　　)。

　　A. 有约束　　　　B. 有两种　　　　C. 有三种　　　　D. 有四种

四、简答题

简述 JK 触发器和 D 触发器的异同点?

任务 3　抢答器的装配与调试

任务引入

抢答器是在知识竞赛、文体娱乐等活动(抢答赛活动)中,能准确、公正、直观地判断出抢答者,并显示出来的一种设备。因此,通常抢答电路的功能至少有两个:一是能分辨出选手按键的先后,锁存优先按键的位置并显示对应的灯;二是要使其他选手的按键操作无效。

相关知识

1. 抢答器电路组成

抢答器电路一般由指令系统、指令接收和储存系统、反馈闭锁控制系统以及驱动显示系统四部分组成。通常抢答选手的抢答按钮、主持人开始按钮以及相关电阻和电源组成指令系统;触发器组成指令接收和储存系统;利用相关的逻辑门电路、电阻和发光二极管可组成反馈闭锁控制系统以及驱动显示系统。

2. 三路抢答器的功能说明

三路抢答器即为三名选手参与抢答而设计的。三名参赛选手每人控制一个按钮,先按下按钮者对应指示灯亮,后按下按钮者对应指示灯不亮,输入的指令信号不起作用。

比赛开始前,主持人先按下开始按钮,对抢答器电路清零,并发出抢答命令,使三名选手对应的指示灯全部熄灭。

抢答开始后,若第二名选手的抢答开关最先闭合,则对应的指示灯亮;第一、第三名选手

的灯不亮;即使紧接着他们的抢答按钮再按下,此信号也不起作用了。

下一轮抢答前主持人必须重新清零后才能再次抢答,不清零上一次抢答指示灯总是亮着,下一轮的抢答指示无效。

任务实施

1. 实训电路

三路抢答器原理电路如图7-13所示。

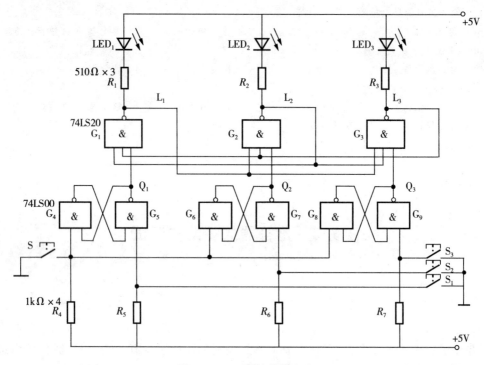

图7-13 三路抢答器电路

2. 器件、器材

所需仪表、工具:常用电子组装工具一套、直流稳压电源一台、逻辑笔一只、万用表一只。所需电子元器件及材料见表7-13所列。

表7-13 元器件(材)明细表

代号	名称	规格	数量/只	代号	名称	规格	数量/只
$S_1 \sim S_2$	按钮开关		4	$R_4 \sim R_7$	电阻	$1k\Omega/\frac{1}{4}W$	4
$G_4 \sim G_9$	与非门	74LS00	2	万能电路板			
$G_1 \sim G_3$	与非门	74LS20	2	焊料、助焊剂			
$LED_1 \sim LED_3$	发光二极管		3	ϕ0.8mm 镀锡铜丝			

代号	名称	规格	数量/只	代号	名称	规格	数量/只
$R_1 \sim R_3$	电阻	$510\Omega/\frac{1}{4}W$	3	多股软导线			

3. 电路组装

元器件布局完成后,按原理图完成元器件焊接与线路连接,并自检焊接时有无短路与虚焊,以及错误连接情况。焊接时应做到焊点光滑圆亮,大小均匀,无虚焊和漏焊;连接导线颜色要规范(请查相关资料)。焊接完成后,保留元器件引脚长度1~1.5mm,然后剪去多余长度。剪切时不得让引脚承受过大的机械拉力,以免造成焊点松动。

4. 功能检测与调试

装配完成后,在电路正确无误的情况下,通电测试电路的逻辑功能,完成表7-14所示的各项内容。

表7-14 三路抢答器功能表

S	S_3	S_2	S_1	Q_3	Q_2	Q_1	L_3	L_2	L_1
0	0	0	1						
0	0	1	0						
0	1	0	0						
0	0	0	0						
1	0	0	1						
1	0	1	0						
1	1	0	0						
1	0	0	0						

注:1表示高电平、开关闭合;0表示低电平,开关断开。

5. 检查评议

评分标准见表7-15所列。

表7-15 评分标准

序号	项目内容	评分标准	分值	扣分	得分
1	态度	1. 工作的积极性; 2. 安全操作规程的遵守情况; 3. 纪律遵守情况。	30		
2	电路安装	1. 电路安装正确情况; 2. 电路焊接安装、工艺情况。	30		
3	电路功能测试	1. 抢答器抢答功能; 2. 表格记录测试结果。	40		

（续表）

序号	项目内容	评分标准	分值	扣分	得分
4	合计		100		
5	时间	90min			

6. 注意事项

调试时，按抢答器的功能进行操作，若某些功能不能实现，就要检查排除故障。检查故障时，首先检查接线是否正确，在接线正确的前提下，检查集成电路是否正常。检查集成电路时，可对集成电路单独通电测试其逻辑功能是否正常；若集成电路没有故障，就要用万用表检查发光二极管、电阻、按钮开关等是否正常。检查时可由输入到输出逐级进行查找，直至排除故障为止。

例如，若抢答开关按下时指示灯亮，松开时又灭掉，说明电路不能保持，问题应出在基本RS 触发器上。此时应检查基本 RS 触发器与非门相互间的连接是否正确，与非门是否完好等。

习 题

一、填空题

1. 抢答器电路一般由（　　）、指令接收和储存系统、反馈闭锁控制系统以及驱动显示系统四部分组成。

2. 通常（　　）、主持人开始按钮以及相关电阻和电源组成指令系统。

3. 具有记忆功能的抢答器电路抢答前必须先（　　），抢答信号靠（　　）记忆。

4. 具有记忆功能的抢答器电路，主持人的输入信号使触发器（　　）。

5. 具有记忆功能的抢答器电路，选手的输入信号使触发器（　　）。

二、判断题

1. 抢答选手任何时候都可以抢答。（　　）

2. 具有记忆功能的抢答器电路，指示灯只能由主持人来关闭。（　　）

3. 具有记忆功能的抢答器电路，触发器用来接收和存储抢答指令。（　　）

4. 先抢答的选手灯亮了后，后面的选手抢答无效，直到主持人按开始按钮之后才能再开始抢答。（　　）

三、选择题

1. 具有记忆功能的抢答器电路一般由（　　）部分组成。

    A. 1   B. 2   C. 3   D. 4

2. 具有记忆功能的抢答器至少具有的功能有（　　）。

    A. 只需抢答有效   B. 只需辨别抢答选手   C. 保持   D. 计数

3. 具有记忆功能的抢答器，触发器具有（　　）功能。

    A. 接受指令   B. 传输指令   C. 反馈信号   D. 接受和存储信号

4. 具有记忆功能的抢答器，抢答选手能使触发器具有（　　）。

    A. 关闭   B. 置 1   C. 置 0   D. 断电

四、简答题

画出抢答器电路的工作时序波形图。

项目八　计数器

数字系统中,往往需要对脉冲的个数进行计数,以实现数字测量、运算和控制。用来统计输入脉冲CP个数的电路称为计数器。计数器主要由触发器组成,其输出通常为现态的函数。它除了累计输入脉冲个数外,还广泛用于定时、分频、信号产生、逻辑控制等,因此,计数器是数字电路中不可缺少的逻辑部件,应用十分广泛。

计数器的种类有很多,其主要分类如下。

(1)按计数进制分

根据计数体制不同,计数器分为二进制计数器、十进制计数器和 N 进制计数器。

(2)按计数增减分

根据计数过程中计数器中数值的增减不同,计数器可分为加法计数器、减法计数器和可逆计数器。随着计数脉冲的输入进行加法计数的称为加法计数器,进行减法计数的称为减法计数器,可增可减的称为可逆计数器。

(3)按计数器中触发器状态改变的次序分

根据计数器中各个触发器状态改变的先后次序不同,计数器可分为同步计数器和异步计数器两大类。在同步计数器中,各个触发器都受同一个时钟脉冲CP(又称为计数脉冲)的控制,输出状态的改变是同时的,所以称为同步计数器。异步计数器则不同,各触发器不受同一个计数脉冲的控制,各个触发器状态改变有先有后,所以称为异步计数器。

任务 1　二进制计数器的装配与调试

任务引入

在数字系统中,广泛地采用二进制的计数体制,与此相适应的也就必然要应用二进制计数器。大家知道,二进制数只有0和1两个数码。由于双稳态触发器具有0和1两种状态,因此用一个触发器可表示一位二进制数。如果把 n 个触发器串联起来,就可表示 n 位二进制数。

相关知识

1. 异步二进制加法计数器

3位二进制加法计数序列表见表8-1所列。由表8-1可知,要实现加法递增计数,计数器最低位 Q_0 随着每次时钟脉冲的出现都改变状态,而其他位在相邻低位由1变0时,发生翻转。即 3 位二进制加法计数规律是,最低位在每来一个 CP 时翻转一次;低位由 $1 \to 0$ (下降沿)时,相邻高位状态发生变化。

如图 8-1 所示,是一个用 3 个上升沿触发的 D 触发器 FF2、FF1 和 FF0 组成的 3 位二进制加法计数器。在图中,各个触发器的 $\overline{Q}$ 输出端与该触发器的 D 输入端相连,都处于计数功能;同时,各低位触发器 $\overline{Q}$ 端又与相邻高 1 位触发器的时钟脉冲输入端相连,计数脉冲 CP 加至最低位触发器 FF0 的时钟脉冲输入端。所以每当输入一个计数脉冲,最低位触发器 FF0 就翻转一次,而高位触发器则必须等到与其相邻的低位触发器输出的脉冲的有效沿到来时才会翻转,即当 Q_0 由 1 变 0,$\overline{Q_0}$ 由 0 变 1(FF1 的进位信号)时,触发器 FF1 才会翻转。而最高位触发器 FF2 在 Q_1 由 1 变 0,$\overline{Q_0}$ 由 0 变 1(FF2 的进位信号)时才会翻转。这样电路实现了二进制加法计数功能。由于电路中各触发器的触发脉冲出现的时间不同,因而是一个异步时序电路。分析其工作过程,不难得到其状态转移图和时序图,它们分别如图 8-2 和图 8-3 所示。

表 8-1 3 位二进制加法计数序列表

CP	Q_2^n	Q_1^n	Q_0^n
0	0	0	0
1	0	0	1
2	0	1	0
3	0	1	1
4	1	0	0
5	1	0	1
6	1	1	0
7	1	1	1
8	0	0	0

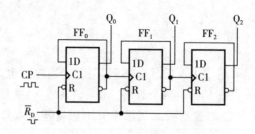

图 8-1 3 位二进制加法计数器逻辑图

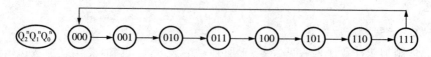

图 8-2 3 位二进制加法计数器态转移图

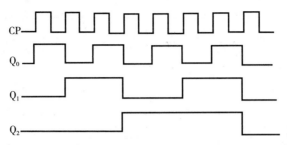

图 8-3 3位二进制加法计数器时序图

从时序图可以清楚地看到,Q_0、Q_1、Q_2的周期分别是计数脉冲(CP)周期的2倍、4倍、8倍,也就是说,Q_0、Q_1、Q_2分别对CP波形进行了二分频、四分频、八分频,因而计数器也可作为分频器。

2. 异步二进制减法计数器

如图8-4所示是由JK触发器组成的3位二进制减法计数器的逻辑图。FF2~FF0都为T'触发器,下降沿触发。为了能实现向相邻高位触发器输出借位信号,要求低位触发器由0状态变为1状态时能使高位触发器的状态翻转,因此,低位触发器应从$\overline{Q}$端输出借位信号。图8-4就是按这个要求连接的。

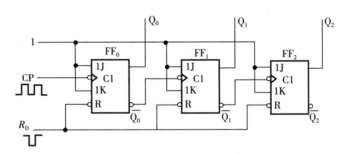

图 8-4 3位二进制减法计数器逻辑图

它的工作原理如下。

设电路在进行减法计数前在置0端$\overline{R}_D$加负脉冲,使数器状态为$Q_2Q_1Q_0=000$。在计数过程中,$\overline{R}_D$为高电平。

当在CP端输入第一个减法计数脉冲时,FF0由0状态翻到1状态,$\overline{Q}_0$输出一个下降沿的借位信号,使FF1由0状态翻到1状态,$\overline{Q}_1$输出负跃变的借位信号,使FF2由0状态翻到1状态。使计数器翻到$Q_2Q_1Q_0=111$。当CP端输入第二个减法计数脉冲时,计数器的状态为$Q_2Q_1Q_0=110$。当CP端连续输入减法计数脉冲时,3位二进制减法计数序列表见表8-2所列。图8-5为3位二进制计数器时序图。

表 8-2 3位二进制减法计数序列表

CP	Q_2^n	Q_1^n	Q_0^n
0	0	0	0
1	1	1	1

（续表）

CP	Q_2^n	Q_1^n	Q_0^n
2	1	1	0
3	1	0	1
4	1	0	0
5	0	1	1
6	0	1	0
7	0	0	1
8	0	0	0

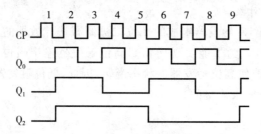

图 8-5　3 位二进制减法计数器时序图

任务实施

1. 二进制加法计数器实训电路

实训电路如图 8-6 所示。

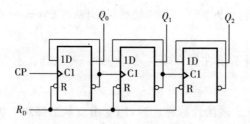

图 8-6　二进制加法计数器实训电路

2. 器件、器材

所需仪表、工具：常用电子组装工具一套、直流稳压电源一台、万用表一只。加法器电路元器件（材）见表 8-3 所列。

表 8-3　电路元器件（材）明细表

序号	名称	型号	规格说明	数量
1	集成电路	74175	四上升沿 D 触发器	1

（续表）

序号	名称	型号	规格说明	数量
2	发光二极管			3
3	逻辑开关			2
4	导线若干			
5	印制电路板（或万能板）			1

3. 装配要求

装配工艺要求：

（1）集成电路安装应先安装 IC 座，然后再将集成电路插在 IC 座上。

（2）逻辑开关、发光二极管排列整齐。

（3）布线正确，焊点合格，无漏焊、虚焊、短路现象。

4. 电路组装

先安装集成电路 74LS175，将 74LS175 的 16 脚、8 脚分别接直流电源＋5V 和地；在集成电路中任选 3 个 D 触发器，并按电路图 8 - 6 连接电路；将发光二极管分别接到计数器输出端 Q_2、Q_1、Q_0 端上，用以指示输出状态；将逻辑开关分别接到时钟脉冲 CP 输入端、复位输入端 $\overline{R_D}$。

完成元器件焊接与线路连接后，自检焊接时有无短路与虚焊，以及错误连接情况。焊接时应做到焊点光滑圆亮，大小均匀，无虚焊和漏焊；连接导线颜色要规范（请查相关资料）。焊接完成后，保留元器件引脚长度 1～1.5mm，然后剪去多余长度。剪切时不得让引脚承受过大的机械拉力，以免造成焊点松动。

5. 功能检测与调试

装配完成后应首先进行自检，正确无误后才能进行调试。接通集成电路电源，扳动逻辑开关，产生 CP 脉冲，依次记下计数器状态，并将结果填入在表 8 - 4 中。

表 8 - 4　实验结果记录表

CP	Q_2^n	Q_1^n	Q_0^n	十进制数
0				
1				
2				
3				
4				
5				
6				
7				
8				

6. 二进制减法计数器

将图 8-6 电路中低位触发器的 Q 端与高一位的 CP 端相连,构成减法计数器,按测试步骤 4、5 重新进行测试并记录。

7. 检查评议

评分标准见表 8-5 所列。

表 8-5 评分标准

序号	项目内容	评分标准	分值	扣分	得分
1	态度	1. 工作的积极性; 2. 安全操作规程的遵守情况; 3. 纪律遵守情况。	30		
2	电路安装	1. 电路安装正确情况; 2. 电路焊接安装、工艺情况。	40		
3	电路功能测试	1. 加法器的功能验证; 2. 表格记录测试结果。	30		
4	合计		100		
5	时间	90min			

7. 注意事项

(1)注意 IC 座焊接时间不能太长,否则可能出现 IC 座熔化变形现象。

(2)在调试过程中,仔细观察实验结果。

习 题

一、填空题

1. 计数器由( )构成,是一种典型的( )。

2. 根据计数过程中计数器中数值的增减不同,计数器可分为( )计数器、( )计数器和( )计数器。

3. 根据计数器中各个触发器状态改变的先后次序不同,计数器可分为( )计数器和( )计数器两大类。

4. 根据计数体制不同,计数器分为( )制计数器、( )制计数器和( )进制计数器。

5. n 个触发器构成的二进制计数器最多可计( )个数;如需要装配一种能累计输入脉冲个数最多为 16 个的计数器则需要( )个触发器。

二、判断题

1. 在异步计数器中,各个触发器都受同一个计数脉冲控制。( )

2. 加法计数器随着计数脉冲的输入进行加法计数;减法计数器随着计数脉冲的输入进行减法计数。( )

3. 在异步计数器中,各个触发器的翻转有先有后。( )

4. 最多能计 2^n 个数的二进制计数器需要 $n-1$ 个触发器。( )

三、选择题

1. 计数器是对输入的计数脉冲进行计算的电路,它是由( )构成的。

A. 寄存器　　　　　B. 放大器　　　　　C. 触发器　　　　　D. 运算器

2. 按计数器翻转的次序来分类,可把计数器分为(　　　)。

A. 异步式加法计数器　　　　　　　B. 异步式减法计数器

C. 异步式可逆计数器　　　　　　　D. 异步式和同步式

3. 3 位加法计数器中,从 0 开始计数,当第 7 个 CP 脉冲过后,计数器的状态应为(　　　)。

A. 000　　　　　B. 101　　　　　C. 110　　　　　D. 111

4. 一个四位二进制异步加法计数器用作分频器时,能输出脉冲的频率有(　　　)个。

A. 8　　　　　B. 4　　　　　C. 2　　　　　D. 1

四、简答题

1. 何为异步加法计数器?

2. 何为异步减法计数器?

任务 2　十进制计数器的装配与调试

1. 集成十进制计数器

随着电子技术的不断发展,功能完善的集成计数器大量生产和使用。集成计数器功耗低、功能灵活、体积小,使用非常方便。集成计数器的种类很多,这里介绍两种常用的十进制计数器。

(1)同步十进制计数器 74LS192

74LS192 的引脚功能如图 8-7 所示。74LS192 是一个时钟脉冲 CP 上升沿触发的同步十进制可逆计数器。该计数器既可以作加法计数,也可以作减法计数。它有两个时钟输入端:CU 端是加法计数时钟脉冲输入端,CD 端是减法计数时钟脉冲输入端。$\overline{C}$ 端是向高位的进位输出端,低电平有效,$\overline{B}$ 端是向高位的借位输出端,低电平有效,它有独立的置 0 输入端 R_D,高电平有效;还可以独立对加法或减法计数进行预置数,D_3、D_2、D_1、D_0 是预置数端。$\overline{LD}$是预置数控制端,低电平有效。Q_3、Q_2、Q_1、Q_0 是输出端。

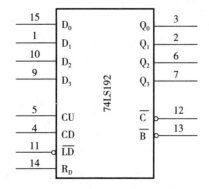

图 8-7　74LS192 的引脚功能

① 74LS192 功能表。

74LS192 功能表见表 8-6 所列,其功能特点如下。

表 8-6 74LS192 功能表

输 入								输 出			
$\overline{LD}$	R_D	CU	CD	D_0	D_1	D_2	D_3	Q_0	Q_1	Q_2	Q_3
0	0	×	×	d_0	d_1	d_2	d_3	d_0	d_1	d_2	d_3
1	0	↑	1	×	×	×	×	加计数			
1	0	1	↑	×	×	×	×	减计数			
1	0	1	1	×	×	×	×	保持			
×	1	×	×	×	×	×	×	0	0	0	0

A. 置"0"。74LS192 有异步置 0 端 R_D,不管计数器其他输入端是什么状态,只要在 R_D 端加高电平,则所有触发器均被置 0,计数器复位。

B. 预置数码。74LS192 的预置是异步的。当 R_D 端和置入控制端 $\overline{LD}$ 为低电平时,不管时钟端的状态如何,输出端 $Q_3 \sim Q_0$ 状态就与预置数相一致,即 $Q_3 Q_2 Q_1 Q_0 = d_3 d_2 d_1 d_0$。计数器预置数以后,就以预置数为起点顺序进行计数。

C. 加法计数和减法计数。加法计数时 R_D 为低电平,$\overline{LD}$、CD 为高电平,计数脉冲从 CU 端输入。当计数脉冲的上升沿到来时,计数器的状态按 8421BCD 码递增进行加法计数。

减法计数时,R_D 为低电平,$\overline{LD}$、CU 为高电平,计数脉冲从 CD 端输入。当计数脉冲的上升沿到来时,计数器的状态按 842IBCD 码递减进行减法计数。

D. 进位输出。计数器作十进制加法计数时,在 CU 端第 9 个输入脉冲上升沿作用后,计数状态为 1001,当其下降沿到来时,进位输出端 $\overline{C}$ 产生一个负的进位脉冲。第 10 个脉冲上升沿作用后,计数器复位。若将进位输出 $\overline{C}$ 与后一级的 CU 相连,可实现多位计数器级联。当 $\overline{C}$ 反馈至 $\overline{LD}$ 输入端,并在并行数据输入端 $D_3 \sim D_0$ 输入一定的预置数,则可实现 10 以内任意进制的加法计数。

E. 借位输出。计数器作十进制减法计数时,设初始状态为 1001。在 CD 端第 9 个输入脉冲升沿作用后,计数状态为 0000,当其下降沿到来后,借位输出端 $\overline{B}$ 产生一个负的借位脉冲。第 10 个脉冲上升沿作用后,计数状态恢复为 1001。同样,将借位输出 $\overline{B}$ 与后一级的 CD 相连,可实现多位计数器级联。通过 $\overline{B}$ 对 $\overline{LD}$ 的反馈连接可实现 10 以内任意进制的减法计数。

2. N 进制计数器

N 进制计数器是指除二进制和十进制计数器以外的其他任意进制计数器。例如,五进制计数器、二十进制计数器、三十进制计数器、六十进制计数器等都是 N 进制计数器。

N 进制计数器可利用已有的集成计数器采用反馈归零法获得。这种方法是,当计数器计数到某一数值时,由电路产生复位脉冲,加到计数器各个触发器的异步清零端,使计数器的各个触发器全部清零,也就是使计数器复位。

利用十进制计数器 74LS160,通过反馈归零法构成的六进制计数器如图 8-8 所示。

电路的计数过程是 0000→0001→0010→0011→0100→0101,当计数器计数到状态 5 时,Q_2 和 Q_0 为 1,与非门输出为 0,即同步并行置入控制端 $\overline{LD}$ 是 0,于是下一个计数脉冲到来时,

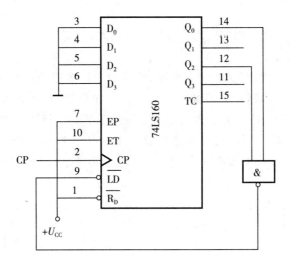

图 8-8　六进制计数器

将 $D_3 \sim D_0$ 端的数据 0 送入计数器，使计数器又从 0 开始计数，一直计到 5，又重复上述过程。由此可见，N 进制计数器可以利用在状态（$N-1$）时将 $\overline{LD}$ 变为 0 以便重新计数的方法来实现。

如图 8-9 所示是利用了直接置"0"端 $\overline{R_D}$ 进行复位所构成的六进制计数器。工作过程为 0000→0001→0010→0011→0100→0101，当计数到 0110 时（该状态出现时间极短，称为过渡状态），Q_2 和 Q_1 均为 1，使 $\overline{R_D}$ 为 0，计数器立即被复位到 0，然后开始新的循环。这种方法的缺点是工作不可靠，其原因是在许多情况下，各触发器的复位速度不一致，复位快的触发器复位后，立即将复位信号撤销，使复位慢的触发器来不及复位，因而造成误动作。改进的方法是加一个基本 RS 触发器，如图 8-10 所示，将 $\overline{R_D}=0$ 的置"0"信号暂存一下，从而保证复位信号有足够的作用时间，使计数器可靠置 0。

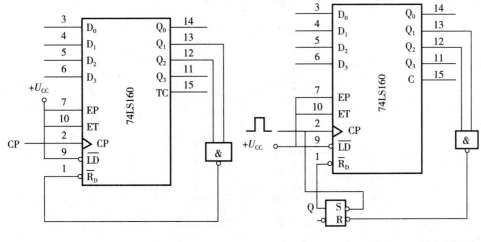

图 8-9　六进制计数器　　　　　图 8-10　改进的六进制计数器

3. 计数器的级联

将多个 74LS192 级联可以构成高位计数器。例如,用两个 74LS192 可以组成 100 进制计数器,如图 8-11 所示。

计数开始时,先在 R_D 端输入一个正脉冲,此时两个计数器均被置为 0 状态。此后在 $\overline{LD}$ 端输入"1",R_D 端输入"0",则计数器处于计数状态。在个位的 74LS192 的 CU 端逐个输入计数脉冲 CP,个位的 74LS192 开始进行加法计数。在第 10 个 CP 脉冲上升沿到来后,个位 7415192 的状态为 1001-0000 同时其进位输出 $\overline{C}$ 为 0→1,此上升沿使十位 74LS192 从 0000 开始计数,直到第 100 个 CP 脉冲作用后,计数器状态由 1001 1001 恢复为 0000 0000,完成一次计数循环。

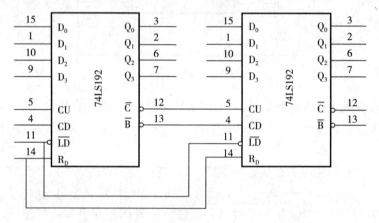

图 8-11 用两个 74LS192 构成 100 进制计数器

任务实施

1. 实训电路

实训电路主要采用集成十进制计数器电路 74LS192,74LS192 管脚分布如图 8-12 所示。

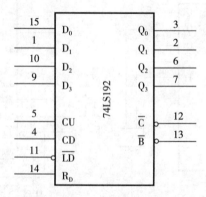

图 8-12 集成十进制计数器

2. 器件、器材

所需仪表、工具:常用电子组装工具一套、直流稳压电源一台、万用表一只。十进制计数器电路元器件(材)见表8-7所列。

表8-7　电路元器件(材)明细表

序号	名称	型号	规格说明	数量
1	十进制计数器	74LS192		1
2	发光二极管			6
3	逻辑开关			8
4	导线若干			
5	印制电路板(或万能板)			1

3. 装配要求

装配工艺要求:

(1)集成电路安装应先安装IC座,然后再将集成电路插在IC座上。

(2)逻辑开关、发光二极管排列整齐。

(3)布线正确,焊点合格,无漏焊、虚焊、短路现象。

4. 电路组装

按照集成电路74LS192各管脚功能,将集成电路74LS192的16脚、8脚分别接直流电源+5V和地;将发光二极管分别接到计数器输出端 Q_3、Q_2、Q_1、Q_0 和进位输出端 $\overline{C}$、借位输出端 $\overline{B}$ 端上;将逻辑开关分别接到加法计数时钟脉冲输入端CU、减法计数时钟脉冲输入端CD、置0输入端 R_D、预置数控制端 $\overline{LD}$ 和预置数端 D_3、D_2、D_1、D_0。

完成元器件焊接与线路连接后,自检焊接时有无短路与虚焊,以及错误连接情况。焊接时应做到焊点光滑圆亮,大小均匀,无虚焊和漏焊;连接导线颜色要规范(请查相关资料)。焊接完成后,保留元器件引脚长度1~1.5mm,然后剪去多余长度。剪切时不得让引脚承受过大的机械拉力,以免造成焊点松动。

5. 功能检测与调试

装配完成后应首先进行自检,正确无误后才能进行调试。并按下表逐项验证计数器功能。

表8-8　实验结果验证表

输 入								输 出			
$\overline{LD}$	R_D	CU	CD	D_0	D_1	D_2	D_3	Q_0	Q_1	Q_2	Q_3
0	0	×	×	d_0	d_1	d_2	d_3	d_0	d_1	d_2	d_3
1	0	↑	1	×	×	×	×	加计数			
1	0	1	↑	×	×	×	×	减计数			
1	0	1	1	×	×	×	×	保持			
×	1	×	×	×	×	×	×	0	0	0	0

6. 检查评议

评分标准见表8-9所列。

表 8-9 评分标准

序号	项目内容	评分标准	分值	扣分	得分
1	态度	1. 工作的积极性; 2. 安全操作规程的遵守情况; 3. 纪律遵守情况。	30		
2	电路安装	1. 电路安装止确情况; 2. 电路焊接安装、工艺情况。	40		
3	电路功能测试	计数器功能验证	30		
4	合计		100		
5	时间	90min			

7. 注意事项

(1)注意 IC 座焊接时间不能太长,否则可能出现 IC 座熔化变形现象。

(2)在调试过程中,仔细观察实验结果。

习 题

一、填空题

1. 集成计数器功耗( )、功能( )、体积( ),使用( )。

2. 用集成计数器构成任意进制计数器,常用的方法有( )、( )和( )。

二、判断题

1. 除了二进制和十进制以外的计数器,称为 N 进制计数器。( )

2. 计数器是一种组合逻辑电路。( )

3. 计数器中触发器状态的改变不仅与输入信号有关,而且还和电路原来的状态有关。( )

4. 用反馈清零法或反馈置数法实现任意进制计数器必须采用二进制计数器芯片,而不能采用十进制计数器芯片。( )

三、选择题

1. 在十进制加法计数器中,从零开始计数,当第 8 个 CP 脉冲过后,计数器的状态成为( )。

    A. 1010   B. 1000   C. 1001   D. 0110

2. 在十进制减法计数器中,从零开始计数,当第 1 个 CP 脉冲过后,计数器的状态应为( )。

    A. 0001   B. 1000   C. 0100   D. 1001

3. 在加法计数器中,从 0 开始计数,当第 10 个 CP 脉冲过后,计数器的状态应为( )。

    A. 0000   B. 1000   C. 1001   D. 0110

4. 在五进制加法计数器中,从 0 开始计数,当第 4 个 CP 脉冲过后,计数器的状态应为( )。

    A. 0000   B. 0100   C. 0011   D. 0010

5. 可预置式的十进制减法计数器,预置初始值为 1001,当输入第 6 个计数脉冲后,其输出为( )状态。

    A. 0011   B. 0110   C. 0100   D. 1001

四、简答题

1. 利用集成计数器 74LS290 如何构成三十进制计数器?

2. 是否无论哪一种计数器芯片均可使用反馈清零或反馈置数方法实现 N 进制计数?

项目九　555定时器及其应用电路

任务1　555定时器构成施密特触发器的装配与调试

任务引入

555定时器是一种电路结构简单、使用方便灵活的多功能中规模集成电路,只要在其外部配接少量阻容元件就可构成施密特触发器、单稳态触发器和多谐振荡器等,使用方便、灵活。因此,在波形变换与产生、测量控制、家用电器等方面都有着广泛的应用。

施密特触发器主要用以将变化缓慢的或变化快速的非矩形脉冲变换成上升沿和下降沿都很陡峭的矩形脉冲,它具有如下特点:(1)施密特触发器属于电平触发,对于缓慢变化的信号仍然适用,当输入信号达到某一定电压值时,输出电压会发生突变。(2)输入信号增加和减少时,电路有不同的阈值电压。

相关知识

1.555定时器的电路结构及其功能

图9-1所示为双极型555定时器的逻辑图和引脚图。从图9-1a)可知,它由3个阻值为5kΩ的电阻组成的分压器、电压比较器C_1和C_2、G_1和G_2组成的基本RS触发器、集电极开路的放电管T及输出缓冲级G_3组成。

C_1和C_2为两个电压比较器,它们的基准电压为U_{CC}经3个5kΩ电阻分压后提供。$U_{R1}=2/3U_{CC}$为比较器C_1的基准电压,TH(阈值输入端)为其输入端。$U_{R2}=\frac{1}{3}U_{CC}$为比较器C_2的基准电压,$\overline{TR}$(触发输入端)为其输入端。CO为控制端,当外接固定电压U_{CO}时,则$U_{R1}=U_{CO}$、$U_{R2}=\frac{1}{2}U_{CO}$。$\overline{R_D}$为直接置0端,只要$\overline{R_D}=0$,输出u_o便为低电平,正常工作时,$\overline{R_D}$端必须为高电平。下面分析555的逻辑功能。

设TH和$\overline{TR}$端的输入电压分别为u_{i1}和u_{i2}。555定时器的工作情况如下:

当$u_{i1}>U_{R1}$、$u_{i2}>U_{R2}$时,比较器C_1和C_2的输出$U_{C1}=0$、$U_{C2}=1$,基本RS触发器被置0,$Q=0$、$\overline{Q}=1$,输出$u_O=0$,同时T导通。

当$u_{i1}<U_{R1}$、$u_{i2}<U_{R2}$时,两个比较器输出$U_{C1}=1$、$U_{C2}=0$,基本RS触发器置1,$Q=1$、$\overline{Q}$

=0,输出 u_o=1,同时 T 截止。

当 u_{i1}<U_{R1}、u_{i2}>U_{R2}时,U_{C1}=1,U_{C2}=1,基本 RS 触发器保持原状态不变。

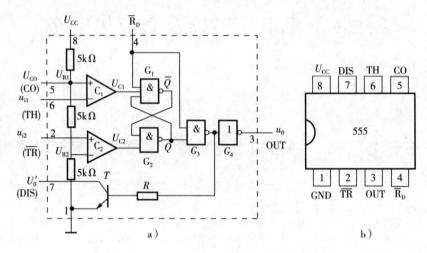

图 9-1　555　定时器的逻辑图和引脚图

综上所述,555 定时器的功能见表 9-1 所列。

表 9-1　定时器 555 的功能表

TH	$\overline{TR}$	$\overline{R}_D$	OUT	DIS
×	×	0	0	导通
×	$<\frac{1}{3}U_{CC}$	1	1	截止
$>\frac{2}{3}U_{CC}$	$>\frac{1}{3}U_{CC}$	1	0	导通
$<\frac{2}{3}U_{CC}$	$>\frac{1}{3}U_{CC}$	1	不变	不变

555 定时器的电源电压范围宽,双极型 555 定时器为 5~16V,CMOS 555 定时器为 3~18V,可以提供与 TTL 及 CMOS 数字电路兼容的接口电平。555 定时器还可输出一定的功率,可驱动微电机、指示灯、扬声器等。它在脉冲波形的产生与变换、仪器与仪表、测量与控制、家用电器与电子玩具等领域都有着广泛的应用。

TTL 单定时器型号的最后 3 位数字为 555,双定时器的为 556;CMOS 单定时器的最后 4 位数为 7555,双定时器的为 7556。它们的逻辑功能和外部引线排列完全相同。

2.555 定时器构成施密特触发器

(1)施密特触发器的构成与工作原理

用 555 定时器构成的施密特触发器电路原理如图 9-2 所示。将 555 定时器的阈值输入端和触发输入端连在一起作为触发电平输入端,便构成了施密特触发器,如图 9-2a)所示。当输入如图 9-2b)所示的三角波信号时,则从施密特触发器的 u_{o1} 端可得到方波输出。

其工作过程如下:

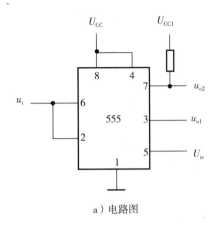

a）电路图

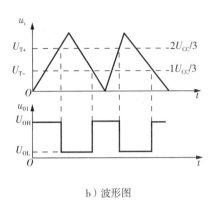

b）波形图

图 9-2　由 555 定时器构成的施密特触发器

当输入 u_i 从 0 开始升高，当 $u_i < \frac{1}{3}U_{CC}$ 时，RS 触发器置 1，故 $u_{o1} = U_{OH}$；当 $\frac{1}{3}U_{CC} < u_i < \frac{2}{3}U_{CC}$ 时，RS 触发器保持原状态不变，故 $u_{o1} = U_{OH}$ 保持不变；当 $u_i \geq \frac{2}{3}U_{CC}$ 时，RS 触发器置 0，电路发生翻转，u_{o1} 从 U_{OH} 变为 U_{OL}，此时相应的 u_i 幅值（$\frac{2}{3}U_{CC}$）称为正向阈值电压，用 U_{T+} 表示。

下面再讨论 $u_i > \frac{2}{3}U_{CC}$ 继续上升，然后再下降的过程。

当 $u_i > \frac{2}{3}U_{CC}$ 时，$u_{o1} = U_{OL}$ 不变；当 u_i 下降，且 $\frac{1}{3}U_{CC} < u_i < \frac{2}{3}U_{CC}$ 时，由于 RS 触发器保持原状态不变，故 $u_{o1} = U_{OL}$ 保持不变；只有当 u_i 下降到小于或等于 $\frac{1}{3}U_{CC}$ 时，RS 触发器置 1，电路发生翻转，u_{o1} 从 U_{OL} 变为 U_{OH}，此时相应的 u_i 幅值（$\frac{1}{3}U_{CC}$）称为负向阈值电压，用 U_{T-} 表示。

从以上分析可以看出，电路在 u_i 上升或下降时，输出电压 u_{o1} 翻转时所对应的输入电压值是不同的，一个为 U_{T+}，另一个为 U_{T-}。这是施密特电路所具有的滞回特性，称为回差。

回差电压为

$$\Delta U_T = U_{T+} - U_{T-} = \frac{1}{3}U_{CC} \tag{9-1}$$

电路的电压传输特性如图 9-3a）所示。如将图 9-2a）中 5 脚外接控制电压 U_{ic}，改变 U_{ic} 的大小，可以调节回差电压的范围。如果在 555 定时器的放电端（7 脚）外接一电阻，并与另一电源 U_{cc1} 相连，则由 u_{o2} 输出的信号可实现电平转换。

施密特触发器的电路符号如图 9-3b）所示。

（2）施密特触发器的应用

施密特触发器的用途很广，其典型应用举例如下。

① 波形变换

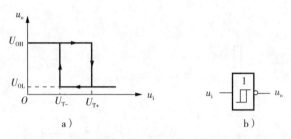

图9-3 施密特电路的电压传输特性和电路符号

可以将边沿变化缓慢的周期性信号变换成矩形脉冲。例如利用施密特触发器将正弦波、三角波变换成方波,如图9-4所示。

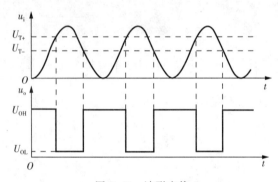

图9-4 波形变换

② 脉冲整形

通常由测量装置来的信号,经放大后可能是不规则的波形,必须经施密特触发器整形。作为整形电路时,将边沿较差或畸变脉冲作为施密特电路的输入,其输出为矩形波。如利用施密特触发器对图9-5a)所示的输入电压波形整形,则整形后的输出电压波形已变换成上升沿和下降沿都很陡峭的矩形脉冲。若适当增大回差电压,可提高电路的抗干扰能力。

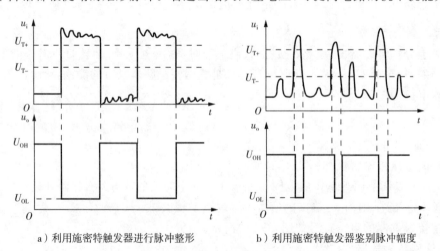

a)利用施密特触发器进行脉冲整形   b)利用施密特触发器鉴别脉冲幅度

图9-5 脉冲整形和脉冲鉴幅

③ 脉冲鉴幅

图9-5b)所示是将一系列幅度不同的脉冲信号u_i加到施密特触发器输入端的波形，只有那些幅度大于正向阈值电压U_{T+}的脉冲才在输出端产生输出信号u_o。因此，通过这一方法可以选出幅度大于U_{T+}的脉冲，即对幅度可以进行鉴别。

任务实施

1. 实训电路

实训电路如图9-6所示。

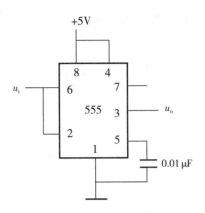

图9-6　施密特触发器电路

2. 器件、器材

常用电子组装工具一套、双踪示波器一台、低频信号发生器一台、直流稳压电源一台、万用表一只。所需电子元器件及材料见表9-2所列。

表9-2　施密特触发器电路元器件(材)明细表

序号	名称	元件标号	型号规格	数量
1	555定时器		555	1
2	电容器		$0.01\mu F$	1
3	焊料、助焊剂			
4	多股软导线			
5	印制电路板(或万能板)		配套印制电路板或单孔板	1

3. 装配要求

根据该电路原理图装配电路，装配工艺要求为：

(1)先安装、焊接IC底座，要求IC底座贴紧电路板，然后将555集成电路插装在底座上。

(2)电容器采用垂直安装，电容器底部应贴近电路板，不能歪斜。

(3)布线正确、合理，焊点合格，无漏焊、虚焊、短路现象。

4. 电路组装

元器件布局完成后,按原理图完成元器件焊接与线路连接,并自检焊接时有无短路与虚焊,以及错误连接情况。焊接时应做到焊点光滑圆亮,大小均匀,无虚焊和漏焊;连接导线颜色要规范(请查相关资料)。焊接完成后,保留元器件引脚长度 $1\sim1.5\text{mm}$,然后剪去多余长度。剪切时不得让引脚承受过大的机械拉力,以免造成焊点松动。

5. 功能检测与调试

电路组装完成后,按以下步骤完成电路功能检测与调试。

(1)测量 555 定时器静态功能,并判断其好坏

将 555 定时器接至 $+5\text{V}$ 电源,根据图 $9-6$,分别测量 3 脚电位、7 脚对地电阻值,将测试结果填入表 $9-3$ 中。

表 9-3 555 定时器引脚功能测试结果

引脚	4	6	2	3	7	5
电位	低电平	×	×			$\frac{2}{3}U_{CC}$
	高电平	$>\frac{2}{3}U_{CC}$	$>\frac{1}{3}U_{CC}$			$\frac{2}{3}U_{CC}$
	高电平	$<\frac{2}{3}U_{CC}$	$<\frac{1}{3}U_{CC}$			$\frac{2}{3}U_{CC}$
	高电平	$<\frac{2}{3}U_{CC}$	$>\frac{1}{3}U_{CC}$			$\frac{2}{3}U_{CC}$

(2)动态测试

将低频信号发生器输出的三角波信号频率调至 $f=1\text{kHz}$、幅值调至 4V,加到施密特触发器的 u_i 端,用示波器观察输出信号的波形,并画出电路输入、输出信号对应波形。

6. 检查评议

评分标准见表 $9-4$ 所列。

表 9-4 评分标准

序号	项目内容	评分标准	分值	扣分	得分
1	态度	1. 工作的积极性; 2. 安全操作规程的遵守情况; 3. 纪律遵守情况。	30		
2	电路安装	1. 电路安装正确情况; 2. 电路焊接安装、工艺情况。	30		
3	电路功能测试	1.555 定时器的功能验证; 2. 施密特触发器的功能验证; 3. 表格记录测试结果。	40		
4		合计		100	
5	时间	90min			

7. 注意事项

调试时若某些功能不能实现，就要检查排除故障。检查故障时，首先检查接线是否正确，在接线正确的前提下，主要检查555定时器是否正常。检查时，可单独对555定时器进行测量，若555定时器没有故障，用示波器测量低频信号发生器输出的三角波信号的频率和幅值是否正常，直至排除故障为止。

习 题

一、填空题

1. 555定时器是一种多用途的( )与( )混合集成电路。

2. 555定时器的主要功能取决于两个比较器输出对( )触发器、( )状态的控制。

3. 施密特电路所具有的( )特性，称为( )。

4. 在施密特触发器中，适当增大( )电压，可提高电路的( )能力。

5. 要将缓慢变化的三角波信号转换成矩形波，则采用( )触发器。

二、判断题

1. 在555定时器中，基本'RS触发器被置1时，U_O输出为高电平。( )

2. 在555定时器构成的施密特触发器中，回差电压 $\Delta U_T = U_{T+} - U_{T-} = \frac{1}{3} U_{CC}$。( )

3. 在555定时器中，当 $R_D = 0$ 时，输出电压 U_O 为高电平。( )

4. 在555定时器构成的施密特触发器中，回差电压是不受控的。( )

5. 555定时器电路的输出只能出现两个状态稳定的逻辑电平之一。( )

三、选择题

1. 在555定时器构成的施密特触发器中，回差电压由555定时器( )电压控制。

    A. 5脚   B. 6脚   C. 7脚   D. 2脚

2. 在555定时器中，R_D 端的作用是( )。

    A. 同步置0   B. 异步置0   C. 同步置1   D. 异步置1

3. 在555定时器中，3端是( )。

    A. 同步输入端   B. 异步输入端   C. 压控输入端   D. 输出端

4. 用555定时器构成的施密特触发器，若电源电压为6V，控制端不外接固定电压，则其上限阈值电压、下限阈值电压和回差电压分别为( )。

    A. 2V、4V、2V   B. 4V、2V、2V   C. 4V、2V、4V   D. 6V、4V、2V

5. 在 $U_6 > \frac{2}{3} U_{CC}$ 的条件下，要使555定时器输出为低电平，则 U_2 的取值应为( )。

    A. $< \frac{1}{3} U_{CC}$ B. $< \frac{2}{3} U_{CC}$ C. $> \frac{1}{3} U_{CC}$ D. $= U_{CC}$

6. 在 $U_2 > \frac{1}{3} U_{CC}$ 的条件下，要使555定时器输出保持不变，则 U_6 的取值应为( )。

    A. $< \frac{2}{3} U_{CC}$ B. $< \frac{1}{3} U_{CC}$ C. $> \frac{2}{3} U_{CC}$ D. $= \frac{1}{3} U_{CC}$

四、简答题

1. 555定时器由哪几部分组成？各部分有何作用？

2. 555定时器有哪些基本应用？

3. 用555定时器构成的施密特触发器的回差电压 $\Delta U_T = ?$

任务 2　模拟声响发生器电路的装配与调试

任务引入

本任务主要介绍利用 555 定时器构成的多谐振荡器电路的工作原理,用 555 定时器构成的模拟声响发生器电路的装配与调试。

多谐振荡器是一种自激振荡电路,该电路在接通电源后无须外接触发信号就能产生一定频率和幅值的矩形脉冲波或方波。多谐振荡器在工作过程中只有两个暂稳态,不存在稳定状态,故称为无稳态电路。由于矩形脉冲含有丰富的谐波分量,因此,常将矩形脉冲产生电路称作多谐振荡器。

相关知识

多谐振荡器

由 555 定时器构成的多谐振荡器如图 9-7a)所示,其工作波形如图 9-7b)所示。

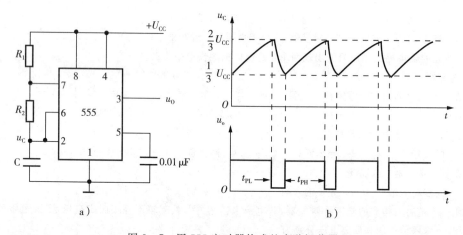

图 9-7　用 555 定时器构成的多谐振荡器

在图 9-7a)中,当接通电源后,电容 C 被充电,u_C 上升,当 u_C 上升到 $\frac{2}{3}U_{CC}$ 时,555 定时器内触发器被复位,同时放电管 T 导通,此时 u_o 为低电平,电容 C 通过 R_2 和 T 放电,使 u_c 下降。当下降到 $1/3U_{CC}$ 时,触发器又被置位,u_o 翻转为高电平。电容器 C 放电所需的时间为

$$t_{PL} = R_2 C \ln 2 \approx 0.7 R_2 C \tag{9-2}$$

当 C 放电结束时,T 截止,U_{CC} 将通过 R_1、R_2 向电容器 C 充电,u_c 由 $1/3U_{CC}$ 上升到 $2/3U_{CC}$ 所需的时间为

$$t_{PH} = (R_1 + R_2) C \ln 2 \approx 0.7 (R_1 + R_2) C \tag{9-3}$$

当 u_C 上升到 $2/3U_{CC}$ 时,触发器又发生翻转,如此周而复始,在输出端就得到一个周期性的方波,其频率为

$$f = \frac{1}{t_{PL} + t_{PH}} \approx \frac{1.43}{(R_1 + 2R_2)C} \tag{9-4}$$

由于 555 内部的比较器灵敏度较高,而且采用差分电路形式,它的振荡频率受电源、电压和温度变化的影响很小。

图 9-7a)所示电路的 $t_{PL} \neq t_{PH}$,而且占空比固定不变。如果将电路改成如图 9-8 所示的形式,电路利用 D_1、D_2 单向导电特性将电容器 C 充、放电回路分开,再加上电位器调节,便构成了占空比可调的多谐振荡器。图中,U_{CC} 通过 R_A、D_1 向电容 C 充电,充电时间为

$$t_{PH} \approx 0.7R_A C \tag{9-5}$$

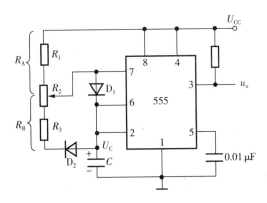

图 9-8　占空比可调的方波发生器

电容器 C 通过 D_2、R_B 及 555 中的放电管 T 放电,放电时间为

$$t_{PL} \approx 0.7R_B C \tag{9-6}$$

因而,振荡频率为

$$f = \frac{1}{t_{PH} + t_{PL}} \approx \frac{1.43}{(R_A + R_B)C} \tag{9-7}$$

可见,这种振荡器输出波形的占空比为

$$q(\%) = \frac{R_A}{R_A + R_B} \times 100\% \tag{9-8}$$

任务实施

1. **实训电路**

实训电路如图 9-9 所示。

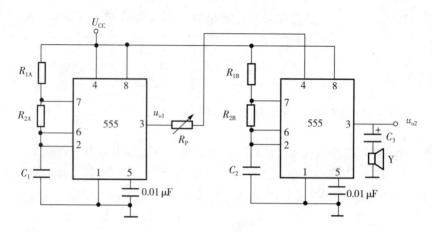

9-9 用555定时器构成的模拟声响发生器

2. 器件、器材

表9-5 模拟声响发生器电路元器件(材)明细表

元件标号	名称	规格	数量	元件标号	名称	规格	数量
R_{1A}	碳膜电阻器	10kΩ	1		无极性电容器	0.01μF	2
R_{2A}	碳膜电阻器	100kΩ	1	Y	扬声器	0.25W	1
R_P	可变电阻器	10kΩ	1		555		2
R_{1B}	碳膜电阻器	1kΩ	1		焊接电路板		1
R_{2B}	碳膜电阻器	10kΩ	1		焊料		
C_1	电解电容器	47μF/16V	1	—	助焊剂		
C_2	电解电容器	0.1μF/16V	1		多股软导线		
C_3	电解电容器	100μF/16V	1				

3. 装配要求

要求根据该电路原理图装配电路,装配工艺要求为:

(1)555集成电路先安装、焊接IC底座,要求IC底座贴紧电路板,然后将555集成电路插装在底座上。注意集成电路插装时不要插反,应将集成电路上的缺口方向和IC底座上的缺口方向相一致插装。

(2)电容器采用垂直安装,电容器底部应贴近电路板,不能歪斜。

(3)布线正确、合理,焊点合格,无漏焊、虚焊、短路现象。

4. 电路组装

元器件布局完成后,按原理图完成元器件焊接与线路连接,并自检焊接时有无短路与虚焊,以及错误连接情况。焊接时应做到焊点光滑圆亮,大小均匀,无虚焊和漏焊;连接导线颜色要规范(请查相关资料)。焊接完成后,保留元器件引脚长度1~1.5mm,然后剪去多余长度。剪切时不得让引脚承受过大的机械拉力,以免造成焊点松动。

5. 功能检测与调试

电路组装完成后,按以下步骤完成电路功能检测与调试。

(1)适当改变定时元件 R_{1A}、R_{2A}、C_1 或 R_{1B}、R_{2B}、C_2 的值,倾听扬声器声响的变化。

(2)改变定时元件 R_{1A}、R_{2A}、C_1 或 R_{1B}、R_{2B}、C_2 的值时,用示波器观察输出信号 u_{o1}、u_{o2} 的波形及频率的变化。

(3)调节电位器 R_P 的阻值,观察对电路工作情况的影响。

6. 检查评议

评分标准见表9-6所列。

表9-6 评分标准

序号	项目内容	评分标准	分值	扣分	得分
1	态度	1. 工作的积极性; 2. 安全操作规程的遵守情况; 3. 纪律遵守情况。	30		
2	电路安装	1. 电路安装正确情况; 2. 电路焊接安装、工艺情况。	30		
3	电路功能测试	1. 第一级多谐振荡器的功能验证; 2. 第二级多谐振荡器的功能验证; 3. 声响发生器整体的功能验证; 4. 表格记录测试结果。	40		
4	合计		100		
5	时间	90min			

7. 注意事项

调试时若扬声器不发音,就要检查排除故障。检查故障时,首先检查接线是否正确,在接线正确的前提下,主要检查555定时器是否正常,检查时,可单独对555定时器进行测量,若555定时器没有故障,应检查电容器 C_1、C_2、C_3 扬声器 Y 等是否完好,直至排除故障为止。

习 题

一、填空题

1. 多谐振荡器工作过程中没有( ),只有( )暂稳态。

2. 多谐振荡器中,t_{PH} 是电容器 C 的( )时间,t_{PL} 是电容器 C 的( )时间。

3. 多谐振荡器不需要外加( )信号,接通直流电源后就能产生( )的矩形脉冲或方波信号输出。

二、判断题

1. 多谐振荡器工作过程中有两个稳定状态。( )

2. 用555定时器构成的多谐振荡中,R_1、R_2、C 为外接的定时元件。( )

3. 占空比可调的多谐振荡器中,二极管 D_1、D_2 是将电容器 C 的充放电电路隔开。( )

三、选择题

1. 多谐振荡器工作过程中有( )。

A. 两个暂稳态　　　　B. 两个稳态　　　　　C. 一个稳态　　　　　D. 一个暂稳态

2. 在多谐振荡器中,电容器 C 的充电时间是(　　)。

A. $0.7R_2C$　　　　B. $0.7(R_1+R_2)C$　　　　C. R_2C　　　　D. $(R_1+R_2)C$

3. 在多谐振荡器中,电容器 C 的放电时间是(　　)。

A. $0.7R_2C$　　　　B. $0.7(R_1+R_2)C$　　　　C. R_2C　　　　D. $(R_1+R_2)C$

4. 多谐振荡器的振荡周期是(　　)。

A. $t_{PH}-t_{PL}$　　　　B. $t_{PH}t_{PL}$　　　　C. t_{PH}/t_{PL}　　　　D. $t_{PH}+t_{PL}$

5. 在多谐振荡器中,已知振荡器输出矩形脉冲的周期为 0.8s,第一暂稳态的时间为 0.8s,则第二暂稳态的时间为(　　)。

A. 0.02s　　　　B. 0.2s　　　　C. 1.2s　　　　D. 1.8s

四、简答题

1. 定性画出用 555 定时器构成的多谐振荡器 U_C 及 U_O 波形。

2. 说明如何调节用 555 定时器构成的多谐振荡器的振荡频率。

五、图 9 - 10 所示为 555 定时器构成的多谐振荡器。已知:$U_{CC}=10V,R_1=20k\Omega,R_2=80k\Omega,C=0.1\mu F$,求振荡周期,并对应画出 u_c 和 u_o 的电压波形。

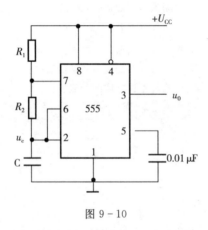

图 9 - 10

任务 3　555 定时器构成单稳态触发器的装配与调试

任务引入

单稳态触发器是常用的脉冲整形和延时电路。它有一个稳定状态和一个暂稳态。在外加触发脉冲作用下,电路从稳定状态翻转到暂稳态,经一段时间后,又自动返回到原来的稳定状态。而且暂稳态时间的长短完全取决于电路本身的参数,与外加触发脉冲没有关系。

相关知识

单稳态触发器

由 555 定时器组成的单稳态触发器如图 9-11a)所示。

图中,R,C 为外按定时元件。触发信号 u_i 加在低触发端(引脚 2)。5 脚 U_{co} 控制端平时不用,通过 0.01μF 滤波电容接地。该电路是负脉冲触发。

(1)工作原理

① 稳态

触发信号没有来到之前,u_i 为高电平。电源刚接通时,电路有一个暂态过程,即电源通过电阻 R 向电容 C 充电,当 u_c 上升到 $\frac{2}{3}U_{cc}$ 时,RS 触发器置 0,$u_o=0$,T 导通,因此电容 C 又通过导电管 T 迅速放电,直到 $u_c=0$,电路进入稳态。这时如果 u_i 一直没有触发信号来到,电路就一直处于 $u_o=0$ 的稳定状态。

② 暂稳态

外加触发信号 u_i 的下降沿到达时,由于 $u_2<U_{cc}/3$、$u_6(u_c)=0$,RS 触发器 Q 端置 1,所以 $u_o=1$,T 截止,U_{cc} 开始通过电阻 R 向电容 C 充电。随着电容 C 充电的进行,u_c 不断上升,趋向值 $u_c(\infty)=U_{cc}$。

u_i 的触发负脉冲消失后,u_2 回到高电平,在 $u_2>U_{cc}/3$、$u_6<2U_{cc}/3$ 期间,RS 触发器状态保持不变,因此,u_o 一直保持高电平不变,电路维持在暂稳态。但当电容 C 上的电压上升到 $u_6\geqslant 2U_{cc}/3$ 时,RS 触发器置 0,电路输出 $u_o=0$,T 导通,此时暂稳态便结束,电路将返回到初始的稳态。

③ 恢复期

T 导通后,电容 C 通过 T 迅速放电,使 $u_c\approx 0$,电路又恢复到稳态,第二个触发信号到来时,又重复上述过程。

输出电压 u_o 和电容 C 上电压 u_c 的工作波形如图 9-11b)所示。

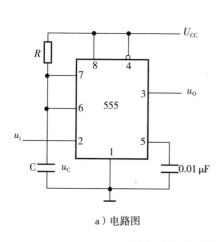

a)电路图

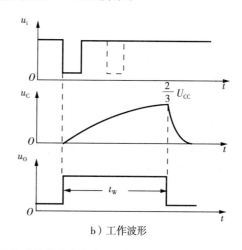

b)工作波形

图 9-11　由 555 定时器构成的单稳态触发器

(2)输出脉冲宽度 t_W

输出脉冲宽度 t_W 是暂稳态的维持时间,与电容 C 的充电时间常数有关,即

$$t_W=RC\ln 3\approx 1.1RC \qquad (9-9)$$

但应该指出,图 9 - 11a)所示电路对输入触发脉冲的宽度有一定要求,它必须小于 t_w。

这种电路产生的脉冲宽度可从几个微秒到数分钟,精度可达 0.1%。通常 R 的取值在几百欧姆至几兆欧姆之间,电容取值为几百皮法到几百微法。由图 9 - 11 可知,如果在电路的暂稳态持续时间内,加入新的触发脉冲,如图 9 - 11b)中的虚线所示,则该脉冲不起作用,电路为不可重复触发单稳。

(3)单稳触发电路的用途

① 延时:将输入信号延迟一定时间(一般为脉宽 t_w)后输出。

② 定时:产生一定宽度的脉冲信号。

任务实施

1. 实训电路

实训电路如图 9 - 11a)所示。

2. 器件、器材

表 9 - 7 单稳态触发器电路元器件(材)明细表

元件标号	名称	规格	数量	元件标号	名称	规格	数量
R	碳膜电阻器	1kΩ	1		焊接电路板		1
C	电解电容器	10μF/16V	1		焊料		
	无极性电容器	0.01μF	1		助焊剂		
	555		1		多股软导线		

3. 装配要求

要求根据电路原理图装配电路,装配工艺要求为:

① 先安装、焊接 555 集成电路 IC 底座,要求 IC 底座贴紧电路板,然后将 555 集成电路插装在底座上。注意集成电路插装时不要插反,应将集成电路上的缺口方向和 IC 底座上的缺口方向相一致插装。

② 电容器采用垂直安装,电容器底部应贴近电路板,不能歪斜。

③ 布线正确、合理,焊点合格,无漏焊、虚焊、短路现象。

4. 电路组装

元器件布局完成后,按原理图完成元器件焊接与线路连接,并自检焊接时有无短路与虚焊,以及错误连接情况。焊接时应做到焊点光滑圆亮,大小均匀,无虚焊和漏焊;连接导线颜色要规范(请查相关资料)。焊接完成后,保留元器件引脚长度 1~1.5mm,然后剪去多余长度。剪切时不得让引脚承受过大的机械拉力,以免造成焊点松动。

5. 功能检测与调试

电路组装完成后,按以下步骤完成电路功能检测与调试。

(1)测量 555 定时器静态功能,并判断其好坏。

(2)动态测试。用示波器测试 u_i、u_c、u_o 信号波形,并画出 u_i、u_c、u_o 信号的对应波形。

6. 检查评议

评分标准见表9-8所列。

表9-8 评分标准

序号	项目内容	评分标准	分值	扣分	得分
1	态度	1. 工作的积极性； 2. 安全操作规程的遵守情况； 3. 纪律遵守情况。	30		
2	电路安装	1. 电路安装正确情况； 2. 电路焊接安装、工艺情况。	30		
3	电路功能测试	1. 单稳态触发器的功能验证； 2. 信号波形 u_i、u_c、u_o 的正确性。	40		
4	合计		100		
5	时间	90min			

7. 注意事项

调试时若电路工作不正常，就要检查排除故障。检查故障时，首先检查接线是否正确，在接线正确的前提下，主要检查555定时器是否正常。检查时，可单独对555定时器进行测量，若555定时器没有故障，则检查电容、电阻等是否完好，直至排除故障为止。

习 题

一、填空题

1. 单稳态触发器的工作过程有一个（　　　）和一个（　　　）。

2. 用555定时器组成的单稳态触发器，状态转换靠（　　　）触发脉冲实现。该电路是（　　　）触发。

3. 单稳态触发器输出脉冲（　　　）取决于暂稳态维持（　　　）。

4. 单稳态触发器的主要用途是（　　　）和（　　　）。

二、判断题

1. 单稳态触发器的工作过程有两个稳态。（　　　）

2. 单稳态触发器的工作过程有一个暂稳态。（　　　）

3. 用555定时器构成的单稳态触发器是负脉冲触发。（　　　）

4. 单稳态触发器的输出脉冲宽度取决于暂稳态的维持时间。（　　　）

三、选择题

1. 用555定时器构成的单稳态触发器是（　　　）触发。

    A. 正脉冲　　　　B. 负脉冲　　　　C. 脉冲上升沿　　　　D. 高电平

2. 单稳态触发器的工作特点是（　　　）。

    A. 有两个暂稳态　　　　　　　　B. 有一个暂稳态

    C. 有一个稳态　　　　　　　　　D. 有一个稳态和一个暂稳态

3. 单稳态触发器输出脉冲宽度是（　　　）。

    A. 1.2RC　　　　B. RC　　　　C. 1.5RC　　　　D. 1.1RC

4. 555定时器组成的单稳态触发器中，555定时器的5脚平时不用，可通过（　　　）电容接地。

A. $0.01\mu F$ B. $0.1\mu F$ C. $0.05\mu F$ D. $0.5\mu F$

5. 单稳态触发器可用来（   ）。

A. 波形变换   B. 产生延迟作用   C. 脉冲鉴幅   D. 脉冲整形

6. 单稳态触发器输出脉冲宽度为 t_w，要保证触发器正常工作，则输入触发脉冲的宽度 t 应满足（   ）。

A. $t < t_w$ B. $t > t_w$ C. $t \geq t_w$ D. $t \leq t_w$

四、简答题

1. 用 555 定时器构成的单稳态触发器，输出脉冲宽度如何计算？

2. 说明由 555 定时器构成的单稳态触发器中，电容 C 和电阻 R 的作用。

3. 单稳态触发器的触发脉冲宽度与输出脉冲宽度之间应满足什么关系？如触发脉冲宽度大于单稳态触发器输出脉宽，试问电路会产生什么现象？应如何解决？

五、如图 9 - 12 所示为 555 定时器构成的单稳态触发器。已知：$R = 10k\Omega$，$C = 0.1\mu F$，$U_{CC} = 10V$，求输出脉冲宽度，并对应画出 u_i、u_c、u_o 的波形。

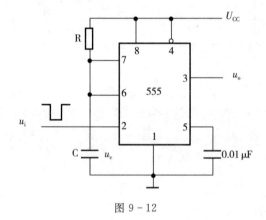

图 9 - 12

参 考 文 献

[1] 华中工学院电子学教研室编 . 电子技术基础模拟部分[M]. 北京:高等教育出版社,1980.

[2] 华中工学院电子学教研室编 . 电子技术基础数字部分[M]. 北京:高等教育出版社,1980.

[3] 李德信 . 电子电路与技能训练[M]. 北京:机械工业出版社,2014.

[4] 杨少昆 . 数字电子技术[M]. 北京:中国水利水电出版社,2004.

[5] 项盛荣 . 电子技术基础项目教程[M]. 上海:上海交通大学出版社,2016.

[6] 沙占友 . 万用表妙用 100 例[M]. 北京:电子工业出版社,1984.

[7] 周元一 . 电力电子应用技术[M]. 北京:机械工业出版社,2013.

[8] 周玲 . 电力电子技术[M]. 北京:冶金工业出版社,2012.